山西省高等学校哲学社会科学研究项目
"基于心理学解释的命题态度实现路径研究"

山西省哲学社会科学课题
"新时代中国共产党理想信念建设的心理机制研究"

山西省博士启动基金项目"多层次心理学的衔接问题研究"

Philosophical thinking
of psychological explanation

心理学解释的哲学思考

樊汉鹏◎著

人民日报出版社
北京

图书在版编目（CIP）数据

心理学解释的哲学思考 / 樊汉鹏著 . -- 北京 : 人民日报出版社 , 2020.12
　　ISBN 978-7-5115-6881-6

　　Ⅰ . ①心… Ⅱ . ①樊… Ⅲ . ①心理学－哲学－研究
Ⅳ . ① B84-05

中国版本图书馆 CIP 数据核字 (2021) 第 013651 号

书　　　名：心理学解释的哲学思考
　　　　　　XINLIXUE JIESHI DE ZHEXUE SIKAO
作　　　者：樊汉鹏

出 版 人：刘华新
责任编辑：张炜煜　　贾若莹
装帧设计：阮全勇

出版发行：**人民日报**出版社
社　　　址：北京金台西路 2 号
邮政编码：100733
发行热线：（010）65369509 65369512 65363531 65363528
邮购热线：（010）65369530 65363527
编辑热线：（010）65369509 65369514
网　　　址：www.peopledailypress.com
经　　　销：新华书店
印　　　刷：三河市华润印刷有限公司
法律顾问：北京科宇律师事务所 010-83622312

开　　　本：710mm×1000mm　　　1/16
字　　　数：190 千字
印　　　张：14
版　　　次：2020 年 12 月第 1 版
印　　　次：2020 年 12 月第 1 次印刷

书　　　号：ISBN 978-7-5115-6881-6
定　　　价：52.00 元

目　录
CONTENTS

绪　论 / 001

第一章　心理学解释问题的缘起

1.1　心理学四大历史形态 / 015

1.1.1　哲学心理学 / 015

1.1.2　常识心理学 / 017

1.1.3　宗教心理学 / 018

1.1.4　科学心理学 / 022

1.2　当代心理学研究对象的畛域 / 026

1.2.1　整体与部分的划分 / 027

1.2.2　日常生活的整体视野 / 028

1.2.3　有关认知的科学成果 / 031

1.2.4　心理学解释的概念——簇 / 037

1.3　心理学解释的自主性 / 041

1.3.1　心理学解释的多样性 / 041

1.3.2　心理学解释对象的复杂性 / 043

1.3.3　心理学解释的意向性 / 044

1.4　小结 / 047

第二章　心理学解释的相关概念范畴及衔接问题

2.1　心理学解释问题的必然性 / 051

2.1.1　常识心理学的本体论探讨 / 051

2.1.2　心理学解释的不可通约性 / 053

2.1.3　心理学范畴的"心—心"问题 / 054

2.2　常识心理学解释的概述 / 057

2.2.1　常识心理学解释概念的本质及其机理 / 057

2.2.2　常识心理学解释的命题态度 / 060

2.2.3　常识心理学解释的因果效力 / 062

2.2.4　常识心理学的三种读心理论 / 068

2.2.5　常识心理学的合理性地位 / 070

2.3　衔接问题的概述 / 073

2.3.1　水平解释和垂直解释的划分依据 / 073

2.3.2　水平解释之模板匹配 / 074

2.3.3　常识心理学之下：垂直解释的科学背景 / 079

2.3.4　两种维度心理学解释的衔接问题 / 087

2.4　小结 / 089

第三章　心理学解释衔接问题的解决方案及其困境

3.1　自主心灵理论的解决方案 / 093

3.1.1　丹尼特的"内容与结构一致性" / 094

3.1.2　戴维森的"无律则一元论" / 096

3.1.3　霍恩斯比的"待解释之物" / 100

3.1.4　自主心灵理论视野下的衔接问题 / 101

3.1.5　小结 / 102

3.2　功能心灵理论的解决方案 / 103

3.2.1　刘易斯的"心灵还原论" / 104

3.2.2　古利克的"目的性向导" / 106

3.2.3　功能心灵理论视野下的衔接问题 / 108

3.2.4　小结 / 110

3.3　表征心灵理论的解决方案 / 112

3.3.1　福多的"内部思维语言"假说 / 112

3.3.2　雷伊的"理性"思考 / 115

3.3.3　表征心灵理论视野下的衔接问题 / 117

3.3.4　小结 / 119

3.4　神经计算心灵理论解决方案 / 122

3.4.1　丘奇兰德和谢诺沃斯基的协同进化理论 / 123

3.4.2　神经计算心灵理论的"人工神经网络" / 125

3.4.3　神经计算心灵理论视野下的衔接问题 / 132

3.4.4　小结 / 134

3.5　评析四种心灵哲学观点 / 137

第四章　心理学解释方案的融合建构

4.1　命题态度实现的困境 / 143

4.1.1　内在思维语言表征的不足 / 143

4.1.2　基于人工神经网络实现命题态度的价值 / 145

4.2　表征视阈下的命题态度：媒介与内容特性 / 148

4.2.1　命题态度的媒介 / 148

4.2.2　命题态度的内容及其特性 / 151

4.2.3　命题态度结构之难以调和的要求 / 154

4.3　基于人工神经网络建构命题态度的探讨 / 165

4.3.1　斯莫伦斯基的张量积向量框架 / 166

4.3.2　思维系统性的辩证 / 169

4.4　小结 / 174

第五章　心理学解释的重构：一种新尝试

5.1　心理学解释的重构缘由 / 177

5.1.1　命题态度的编码混乱 / 178

5.1.2　思维的受限系统性 / 179

5.2　心理学解释的重构基础 / 181

5.2.1　进化认识论视阈下的模块 / 181

5.2.2　重新布线假说 / 182

5.3　心理学解释的重构转向 / 186

5.4　心理学解释的重构探讨 / 189

5.5　小结 / 192

结束语 / 193

参考文献 / 197

附录：专业术语表 / 208

绪　论

　　基于心理学哲学视角，进行心理学解释问题的研究对心理学解释学的发展具有重大的引导作用，关乎作为科学解释之一的心理学解释的合理性判定，对心理学范畴内概念的理解及思考具有重大的哲学意义，有助于对作为日常行为解释手段的常识心理学的合理性疑问的澄清，更有益于整个心理学研究体系的统一。但是国内针对心理学解释问题进行哲学专业性研究的相对较少。本书的目的就是对心理学解释的概念问题、范畴问题、衔接问题，以及实现者和角色之间关系问题予以全面的哲学分析，由此来揭示心理学解释问题的本质。

　　研究心理学解释问题离不开对心理学基本理论和概念的应用及探讨，从整体化研究的视角分门别类地对其中交杂的认知心理学理论和认知哲学观点重新梳理，并且对心理学范畴内一些涉及心理状态解释的心理学主张进行重新审视。

　　这里首先强调一点：心理学解释主要关注的不是一个"事实"问题，而是一个"法权"问题，不是心理现象如此解释符合不符合现实的问题，而是对心理现象何以可能给出合理解释的问题。①整本书探讨心理学解释的可行性

①　[德]伽达默尔，洪汉鼎译.真理与方法[M].上海：上海译文出版社，1999，291.

方案，并把心理学问题中的主观性、内隐性和私密性哲学问题视为探讨的主要疑问，基于现实科学最新成果结合心理学的心理态度、情绪以及人的行为展开个人层次心理学解释与亚人层次心理学解释之间的融合问题探讨。

首先，通过对科学心理学发展历程中各种学派观点的分析，以求达到更加清晰地厘清心理学演变的历史沿革，同时通过借鉴当代心理科学领域的概念以支持心理学解释问题的探讨，并且结合心理学历史的发展维度为心理学和哲学的融合铺平道路。

其次，在探讨心理学解释问题之前，对心理学哲学和心灵哲学加以区分，以便于之后保持对心理学解释研究的关注。同时，心灵哲学中的不同心灵主张为探讨衔接问题提供了不同的研究进路，诸如功能主义、取消主义和唯物主义等。从形而上学的心灵哲学到关注心智现象的心理学哲学，借鉴心灵哲学当中所包含的众多形而上学和认识论方面的态度，来为心理学哲学所关心的认知活动以及行为解释提供不同视角。关于认知是如何产生的？认知会涉及什么类型的表征？我们如何理解这些表征之间的转换？这些表征是如何符合理性标准的？认知需要一定的认知结构吗？我们可以从高层次意识思想的结构推导出心理学的本质和机制吗？这些都是心理学哲学避不开的问题。总而言之，心理学哲学有两点不同于心灵哲学：（1）心理学哲学主要关心认知的本质和机制，不同于心灵哲学所关注的心灵形而上学问题；（2）心理学哲学的研究不可能脱离科学研究成果。所以本书是基于分析哲学和认知科学两条主线，沿着英美心灵分析哲学的路径探讨心理学解释的哲学问题。

一、心理学解释问题研究现状

心理学解释问题研究主要是基于心理学层次的划分，由于个人层次常识心理学解释和亚人层次心理学解释的认识论和方法论不同，彼此之间无法形成统一的心智现象解释机制。从心理学的发展史就能看出科学心理学和常识心理学存在无法调和的矛盾，前者以描述性方式解释和预测行为，后者通过命题态度加以说明心理现象，这种紧张关系一直是心灵哲学不同学派探讨的问题，因此基于常识心理学的实在地位，本书依照不同的心灵哲学观点逐步展开对心理学解释问题的探讨。

常识心理学解释作为日常生活的核心解释，一直为心理学哲学领域的研究者所关注，因为常识心理学的标准性解释方式与众不同，通过因果维度解释和预测他人的行为和心智现象，为人们彼此之间交流思想提供了保障。关于常识心理学解释的机制，福多（Jerry Alan Fodor）在《心灵哲学中意图问题》[①]中提及常识心理学读心方式，包括理论论和模块理论两种，并论证了其合法性地位。刘易斯（David Lewis）的论文《反设事实依赖和时间之箭》[②]提出反设事实理论，通过大量反设事实实例反驳常识心理学解释的因果法则关系。

对于个人层次常识心理学地位合法性，自主心灵论者丹尼特（Dennett）就是最著名的支持者，本书也是基于他1987年发表的《意向立场》[③]展开衔接问题的讨论。丹尼特的观点被大量哲学家引用，在《三类意向心理学》中明确了"常识心理学"，划分了个人层次与亚人层次。当然还有一个不得不提的人戴维森（Davidson），他对常识心理学在亚人层次的实现方式提出一个建议，即《心理学哲学》中的"无律则一元论"。[④]此外还有霍恩斯比的《心灵哲学天真自然主义的辩护》中"待解释之物"[⑤]概念，用于表明两个解释层次的不

①　Fodor, J. A.. Psychosemantics: The Problem of Meaning in the Philosophy of Mind [M]. Cambridge. MA: MIT Press, 1987, 44−47.

②　Lewis, D.. Counterfactual Dependence and Time's Arrow[J]. Nous, 1979, 13 (4), 455−476.

③　Dennett, D.. The Intentional Stance [M]. Cambridge: Cambridge University Press, 1987.

④　Davidson, D.. Philosophy of Psychology [M]. London: Macmillan Publishers Company, 1980, 41−52.

⑤　Hornsby, J.. Simplemindedness: In Defense of Naïve Naturalism in the Philosophy of Mind [M]. Cambridge, MA: Harvard University Press, 1997, 167.

可同化。

功能心灵观点不同意自主心灵有关命题态度不可还原的论调，认为我们基于因果关系的前件来理解行为，就像我们理解每天的物理现象也是基于它们的因果关系前件。这种解释关系上的共同性决定个人层次心理学解释与亚人层次心理学解释之间没有根本上的差异。由此可知，搞清楚因果关系的网络本质，就能为心理学解释的融合找到结合点。代表人物刘易斯在《心理和理论识别》①中和范·古利克（Robert Van Gulick）在《心灵和认知：一个阅读者》②中认为常识心理学解释在心灵理解中扮演着非常重要的角色，强调常识心理学解释使我们有机会认知那些中低等级层次解释无法解释的行为。前者认为心灵是可以直接还原为亚人层次的存在，相比而言，古利克没有进入还原主义行列，他提出"目的性导论"来解释心智状态的产生原因。

表征心灵观点深受计算机的发展影响，认为心智是类似程序的存在，具有隐喻特点，心理状态是符号依据规则加工的表征，具有句法和语义属性，而句法为心理状态提供了因果关系有效性，符号语义提供意向性。根据计算主义的观点，智能也是层层递进的，从最初的简单符号一直延伸出不同的状态，人类的决策就是在不同状态之间的筛选，由此人类的意向性行为完全可以用计算机的输入到输出关系来代表，推理的有效性取决于形式的可行性。符合计算主义观点的理论也有许多不同形式，如福多的《思维语言假说》③中的心智表征理论和雷伊（Rey）的《思维语言的讨论"不仅仅是经验"》中的理性思考④。

事实上，我们对人类大脑的所知一般来自神经科学研究，借鉴最新的科学

---

① Lewis, D.. Psychophysical and Theoretical Identifications [J]. Australasian Journal of Philosophy, 1972, 50 (3), 249-258.

② Van Gulick R.. Nonreductive Materialism and the Nature of Intertheoretical Constraint [J]. Emergence or Reduction, 1992.

③ Fodor, J. A.. The Language of Thought [M]. New York: Oxford University Press, 2008.

④ Rey, G. A.. Not "Merely Empirical" Argument for a Language of Thought [J]. Philosophical Perspectives, 1995, 201-222.

成就，创造性地将过去针对灵长类动物如猴子的大脑直接植入电极研究，逐步提升为非直接干预性研究方式，诸如功能性磁共振成像（fMRI）、脑磁图（MEG）、正电子发射断层扫描（PET）、经颅磁刺激（TMS）、脑电图（EEG）这些现代研究手段为我们打开了通向大脑神经领域的大门。基于神经科学的发展，心灵哲学中分出以丘奇兰德（Patricia Churchland）和谢诺沃斯基（Terrence Sejnowski）为代表的神经计算心灵观点，《神经哲学：通向心灵 / 大脑科学的统一》①中提出人工神经网络的"协同进化理论"，将之前的由上而下发展变为双向协同发展。

基于四种心灵观点视角在亚人层次心理学解释上实现命题态度的方式各有千秋，但没有一个方案可以在实现命题态度的因果性解释的同时保证命题态度的结构特征，故本书尝试将表征心灵观点所强调的表征结构性和人工神经网络动态的协同进化特征相结合。本书主要借鉴了斯莫伦斯基在《整合联接主义和认知结构中的成分结构与解释》②中提出的"张量积"概念，尝试在用向量关系表征命题态度的结构的同时实现因果关系角色。心理学解释重构部分的内容，有参考我国台湾地区洪兰教授的《天生爱学样：发现镜像神经元》③，此书对镜像神经元进行了详细介绍；还有高新民和付东鹏的《意向性与人工智能》④对人工智能与意向性关系进行了全面探讨，对本书完成具有启发意义。

国内目前针对心理学解释方面的哲学著作很少，还处于初始性研究阶段，欠缺系统性探讨。这类著作目前主要是有关心灵哲学以及认知哲学方面的著作，如高新民和葛鲁嘉等人的作品。目前对心理学解释层次与衔接问题研究

①　Churchland, P. S.. Neurophilosophy: Toward a Unified Science of the Mind/Brain [M]. Cambridge: MA, MIT Press, 1986.
②　Smolensky, P.. Constituent Structure and Explanation in an Integrated Connectionist/Symbolic Cognitive Architecture [J]. Plos Genetics, 1995, 7(8).
③　〔意〕马可·雅克波尼，洪兰译. 天生爱学样：发现镜像神经元 [M]. 台北：远流出版事业股份有限公司，2009.
④　高新民，付东鹏. 意向性与人工智能 [M]. 北京：中国社会科学出版社，2014.

的成果有王姝彦教授在《哲学研究》上发表的题为《心理学解释的分层与衔接问题》①论文一篇。就心理学哲学认识论意义而言，心理学解释问题研究是对当代心理学界限问题能否尝试消解的必经一步，对构建心理学解释一种系统性可能进路非常有意义。

二、本书的创作思路

本书的创作思路是以常识心理学和心理学其他学科互动为总体思路，在不同的心灵哲学观点下考量心理学解释问题的实质。心理学解释问题主要表现在以命题态度为主的标准性解释和以科学心理学为核心的描述性解释之间的不和谐关系上。从心理学解释缘起，开始展现了心理学研究路径之丰富和矛盾，以至于在心理学解释方式上也存在巨大的差异，面对心理学层面无法调和的现实，我们只能拔高一个层次在哲学的层面分析其普遍特质，寻找心理学解释融合的可能性。

承继于传统科学解释的路径，心理学解释具有不可还原的自主性，在明确心理学解释的多样性和复杂性之后，我们就可以对相关领域的概念进行梳理和整合，以便于之后就衔接问题展开详细的论述。凭借常识心理学在日常生活中解释效力的持久特性，我们只能以常识心理学解释的特质作为标准来衡量亚人层次心理学解释的能力，同时在肯定彼此差异性之余也将注意力转移到对常识心理学概念、范畴和因果效力的哲学重新分析中。因为在哲学背景下心理学解释问题的探讨必须将原有领域的概念抽象出来，从而为准确认清问题提供新的视角，即解释等级的划分、维度的划分和心灵哲学的划分。

基于已有等级层次的划分，我们将注意力从个人层次心理学解释和亚人

---

① 王姝彦. 心理学解释的分层与衔接问题 [J]. 哲学研究，2011(8)，77−83.

层次心理学解释之间的隔阂，转移到基于不同心灵哲学观点视阈下，对心理学解释衔接问题的备选解决方案进行分析。本书之所以以个人特有主张作为标题，就是为了在划分不同心灵立场的前提下依然能清晰地厘清同一心灵背景下的不同主张，研究对象之丰富、涉及理论之全面都为本书的完成增添了不少困难。

通过上述对各路理论检验和思想盘点后，对常识心理学解释和亚人层次心理学解释之间的根本矛盾点有了精确的认知，那就是个人层次心理学解释中的命题态度具有满足因果解释的结构化特征，展现出语言的合理性、一致性和连贯性，并且为人们交流思维提供直接的支持。命题态度的这种特质恰恰决定了在亚人层次实现其角色的难度相当大，面对这个问题，借鉴张量积构建可以实现命题态度结构化和因果效力的人工神经网络。但是，经过分析发现其中的实现关系还是没能完全达到初始定义的命题态度概念要求。

本书最后一部分从计算符号的表征进路退出，参照神经科学的成就和基于进化认识论对语言的归因，对照水平解释层面其他模块化解释的合理性，为寻求意向性建模创造了一条可行性的论证。意向性建模并不是为了满足心理状态主观性的本体论诉求，而是从机制角度探讨能代表命题态度的终极存在，这就是所谓的意向性，并且意向性的建构方式要追溯到以计算表征为基础的 AI 技术上。

三、本书的主要内容

基于上述研究思路，本书具体分为五章展开论述：

第一章，心理学解释问题的缘起。本章首先介绍心理学四大历史形态，说明了心理学涉及领域之广，内容之复杂。其次将当代心理学研究对象划分为日常生活领域的行为预测，以及对具体科学实验对象研究这两类，尽管这两类看似相去甚远，但都属于心理学解释的对象，而且都符合心理学解释"概念—簇"的要求。最后基于多样性、对象复杂性和主观意向性三个方面分析心理学解释的自主性。

第二章，心理学解释的相关概念范畴及衔接问题。本章的主要目的是确立与心理学解释相关的概念及其范畴，从而厘清各种问题在哲学层面的探讨对象。此章分为三部分，第一部分从三个角度明确心理学解释问题的必然性，这种必然性源于常识心理学独特地位、不同学科心理现象解释之间的不可通约性以及"心—心"问题。第二部分从与常识心理学相关的四个方面加以探讨，以便为之后亚人层次心理学解释的实现做好准备。第三部分正式提出衔接问题，要明确的是衔接问题乃心理学解释的核心问题，通过哲学层面的不断抽象化，其可概述为个人层次常识心理学解释和亚人层次其他心理学解释的融合问题。

第三章，心理学解释衔接问题的解决方案及其困境。自主心灵观点、功能心灵观点、表征心灵观点和神经计算心灵观点恰好构成一个完整的研究范畴，从坚持唯一性和不可还原性的自主观点到取消主义的神经计算观点，形成一个逐级还原的范畴。在这个范畴内，基于每种心灵观点基本理论的前提，同一心灵观点又存在着不同的主张：丹尼特的"内容与结构一致性"观点、戴维森的"无律则一元论"、霍恩斯比的"待解释之物"、刘易斯的"心灵还原论"、古利克的"目的性向导"、福多的"内部思维语言"假说、雷伊的"理性"思考，以及丘奇兰德和谢诺沃斯基的"协同进化"理论。

第四章，心理学解释方案的融合建构。本章主要讨论了命题态度实现的困境、命题态度的媒介及内容、基于人工神经网络建构命题态度的探讨三个部分。这三部分一脉相承，前后内容具有明显的逻辑性，这一章的目的是基于表征路径，再次尝试在人工神经网络上建构命题态度。因为命题态度具有结构化属性，句法层面的符号具有语义，而这一点恰恰是普通人工神经网络所欠缺的。普通人工神经网络是连续性符号，不具备结构化属性，所以鉴于命题态度的特性，利用斯莫伦斯基的张量积框架比较成功地实现了命题态度的角色。但是依然存在人工神经网络功能性结构和系统性受限的问题。

第五章，心理学解释的重构：一种新尝试。本章作为最后一章，从解决衔接问题的方法论上改变表征一试到底的做法，转向机制性解释。通过具体分析，我们可以确定命题态度没有如预料那般具有广泛的解释效力。面对这种情况，正好结合当下神经科学发展巨大成就之一的镜像神经元理论和定义语言角色的重新布线假说，对意向性建模的可行性进行探讨。意向性建模的尝试不是为了彻底离开表征解释，而是为了通过两种解释方式的交流达到对命题态度的真正实现。

结束语既对前文进行了概括性总结，也对心理学解释可能面对的境况进行了深入透彻的分析：一是包含命题态度的核心认知进程与包括模块机制的次要认知进程同时在解释和预测行为上发挥作用；二是根据当下人工智能水平的预期，可从哲学角度对自主体的概念进行分析，这对于进一步构建表征模型或发现新的机制很有启发意义。

四、本书的创新之处

本书的创作思路重点是心理学解释相关问题，其本身是多学科、多视角、多概念相互交叉的问题，因此其中涉及众多心理学学科的概念及理论，整体难以融合一致，这给本书的写作带来巨大困难。从科学心理学层面看，本书难度体现在多学科知识的交融上；从哲学层面看，本书的难度表现在用哲学的思路探讨心理学的概念。

第一，研究内容创新。本书分别从心灵哲学不同视角，立足常识心理学与心理科学的解释分层，在标准性解释与描述性解释间探究解释法权合理性的统一，基于表征、机制两个视角深入探讨，多角度分析衔接问题的解决方案。

第二，结论方面的创新。本书的创新点有两点，第一点创新是将表征心灵观点与神经心灵观点融合建构新的命题态度框架，将命题态度的结构化特征在神经网络中体现；第二点创新是在常识心理学之外寻找替代命题态度的机制，并结合最新神经科学的成就加以论证，从脑神经层面讨论意向性建模的实际价值和理论意义。

当然由于本人知识能力有限，加之国内对该主题的研究较少，可供参考文献非常有限，因此本书还存在一些不足，主要表现在：第一，由于对心理学知识理解不够，所以不能很好地展开足够深度的哲学思考；第二，由于对心理学解释的表现形式掌握不够，所以，对具体问题进行探讨时可能存在偏颇。因此，本人今后将基于本书，从细节入手，以心理学解释的一些核心概念为切入点，更加详细和全面地把握心理学解释问题的本质。

第一章

心理学解释问题的缘起

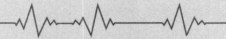

1.1 心理学四大历史形态

1.1.1 哲学心理学

　　哲学心理学可以追溯到 2500 年前的古希腊时期，直到科学心理学独立，心理学都是作为哲学的一部分而存在。站在整个西方心理学史角度，哲学心理学是心理学成为一门独立学科的思想累积过程，中世纪研究的对象是灵魂，文艺复兴至科学心理学创立之初研究的对象是心灵。可以说哲学心理史也是西方哲学史，在心理学史的这个阶段，人的心理现象是困扰古人最艰涩的问题，也是许多矛盾解决过程的交集之处，同时也是最难以被缺少技术手段的古代哲学家们理解和认知的领域。但即使在如此的困惑中，苏格拉底（Socrates）还是提出"心灵"是人们关注的焦点。他们通过观察、推测和猜想，对于心理实质、心理机制、心理范畴、心身关系、心物关系等发表了不少精彩的论述，其中既有关于心理现象的哲学观点，还有关于心理现象如感觉、知觉、记忆、梦、联想、情绪、人格、行为动力、认知等问题的具体观点。[①]
　　心理学一直是以哲学家的视角来探讨的，因此具有显著的思想史特征。

---

① 车文博. 西方心理学史 [M]. 杭州, 浙江教育出版社, 1998, 6.

过往思想之丰富，理论之全面，研究视角之启发都是当代科学心理学发展的幸事。古希腊时期的原子论代表了唯物主的观点，伴随对万物有灵论的发展及延续，从自然的视角解释灵魂的本质，认为灵魂是万物的普通特性。原子论思想的创立者是德谟克利特，经过伊壁鸠鲁的发展，在卢克莱修这里得以系统化。与此相对的便是唯心主义，灵魂的本体论被视作超自然的产物，被当作永恒的先验理念。它起源于毕达哥拉斯的"数"这一抽象本源，将灵魂视为"数"及其关系的产物，后由柏拉图将理念论确立，从而展开了唯心主义的思想史。亚里士多德是西方古代心理学思想的集大成者，是之后哲学发展，尤其是心理学思想发展的奠基人。可见，古希腊时期哲学心理学基于朴素唯心主义或朴素唯物主义对心理状态、认知过程以及灵魂进行思考。

许多学科都是从哲学领域逐渐脱离出来，之后独立形成一门新的学科，但心理学和哲学的关联却显得尤为紧密。现代科学心理学在哲学领域孕育的时间很长，导致科学心理学的研究问题依然集中在哲学传统的几大问题上。只是用"意识"取代了哲学心理学的"灵魂"，研究方法更加科学，用可控的实验和观察来判定心理现象，但研究的对象依然如故。

哲学心理学以概念思辨的方式研究人的心理。但是这种研究方式存在一些固有不足，因为哲学家缺少技术手段去验证思辨的结论，只能是在假设与猜想之间徘徊。所以，注重实验方法呈现心理现象的科学心理学应运而生，将哲学领域的主要研究对象"意识"纳入这个学科，成为重中之重。然而，哲学主张依然在影响科学心理学研究。比如，一元论和二元论的本体论意义时刻影响心理学的发展，一元论指人的心、身是不可分割的统一体，在科学心理学领域就意味着意识可以被还原为物理现象，或自然主义化；二元论则视身、心是平行存在的独立实体，或是属性二元论，是不可调和的两个系列，彼此不存在因果关系。这两个论点一直以来是心理学解释首先要面对的问题，而伴随科学技术的发展我们已经可以对这个问题给出一个肯定的回答了。所以，历史角度看心理学一脉相承于哲学，现实角度看心理学的最新成就也在不断补充且修正着哲学的概念。

1.1.2　常识心理学

常识心理学是哲学与心理学领域共同关注的研究范畴，具有普遍性与专业性的双重意涵。常识心理学也被称为民众心理学、心智理论或自然心理学，相对科学心理学而言，专指普通日常生活中汇总而成的分析他人行为的心理法则，存在于人们生活的经验当中，通过模仿或类比的方式解释及预测自身与他人的行为，这为人类社会的正常交际提供了心理学基础。每个人在日常生活中的感情交流和信念理解不需要通过科学心理学的学习便自动掌握，它来自每个个体的成长过程与背景，逐步被内化为属于自己的隐含式人格理论，默默地为常人认知和解释行为提供理论依据。这种日常生活中的普遍性和自动性是科学心理学理论无法替代的，简单来说就是科学心理学家对儿童的了解不如其母亲对自己孩子行为的了解那么全面和深入，但这种了解的深度不是由科学知识背景的多少而决定的，它就是自然而然地存在于每个母亲的观察与心理感知中。人是社会的个体，而个体又具有天生的独特性，社会不同部分的人与人之间交往表明常识心理学具有普遍性，而个体总有些不为他人了解的心理活动表明常识心理学具有主观性。可见常识心理学具有两个层面的意义：一是社会层面的存在，在交往和互动中被不同个体共同享用，在社会化的过程中个体掌握内隐于社会文化内的心理常识；二是个体层面的存在，在个体自身的经历和生活中被其所独有，是属于个体对心理行为的独特认知和理解。[①]信念、期望、担忧、恐惧等日常生活中时常用到的心理描述术语构

---

① Greenwood, J. D.. Mind and Commonsense [M]. New York: Cambridge University Press, 1991.

成了常识心理学的原则和概念，构成了普通人认知和改造社会的基本框架，正是常识心理学提供的参照系为人们提供了理解各种心理事件的可能。从这个层面理解常识心理学，它在日常生活中充当背景，具有内隐的特征。同时，它又是普通人描述大千世界的直接术语，用来说明和解释所看到的心理行为，具体地陈述与推定他人的行为心理，此时常识心理学又表现出具体的特征。可以说，常识心理学的特别地方是其既是内隐的也是具体的。

人是真正具有内在信念的人，伴随着信念、期望、担忧和恐惧的精神状态，它们是一种心理的实在。[1]虽然科学心理学一直将常识心理学当作非科学对待，试图与心理常识划清界限。事实上，科学心理学领域科学家作为日常普通民众的一员，很难脱离这些命题态度来思考心理学实验及结果，常识心理学与个体的生活经验、经历以及社会共同体环境密切相关。常识心理学是普通人日常生活的组成部分，是不可代替的。[2]科学心理学对它的忽视只会限制其自身发展，无益于拓展心理学的视野，而任何科学都根植于人类的文化与日常心理状态之中。正如哲学家蒯因所主张的"科学是常识的继续"[3]，"常识心理学与科学心理学并不是竞争对手，而是合作伙伴"。[4]这就涉及常识心理学的解释问题，以及对认知科学、科学心理学和神经科学的进步体现了哪些重要价值和意义。

1.1.3 宗教心理学

但凡谈及宗教历史，宗教心理学往往会蒙上宗教神学色彩，西方从 11 世

---

① Scott M. Christensen, Dale R. Turner. Folk Psychologyand the Philosophy of Mind [J]. Lawrence Erlbaum Associates, 1993, 17(4), 368-370.
② 葛鲁嘉，王丽．天命与中国民众的心理生活 [J]．长白论丛，1995, 5, 10-14.
③ 〔美〕威拉德·蒯因，江天骥译．从逻辑的观点看 [M]．上海：上海译文出版社，1987.
④ Wilkes, K. V.. The relationship between scientific psychology and commonsensepsychology [J]. Syntheses, 1991, 18.

纪开始到文艺复兴期间，天主教教会是超脱于国王的存在，在思想上统治了当时的意识形态，以教义作为人民的精神支柱，因此宗教心理学也只是站在宗教信仰的角度为信仰的合理性做辩护，不如哲学心理学为古代人类认识自然提供了朴素方法论及认识论，也不如常识心理学一直是人类了解自身与他人心理行为的日常方法论。

宗教心理学的源头可以追溯到古人创立的神话故事，古希腊将人的故事和形象想象化，是具有人性和命运的主宰，成为民间阐明行为与思想的依据。中国古代将人与自然的关系神化成神灵，更具有朴素的唯心主义特点，接近宗教中耶稣、安拉、释迦牟尼等形而上学的形象，更具有宗教色彩，用神祇解释古人对世界的理解。当今世界的三大宗教是基督教、佛教和伊斯兰教。其他宗教的理论内涵也基本涵盖在三大宗教的思想体系中，但任何一个宗教都非常关注个体内心活动和信念欲求，并系统地阐释人的心灵来源。宗教心理学以特有的宗教方式对人的心理事件给出解释，甚至是干预，例如西方中世纪基本是以上帝的天主教义作为社会运行的宗旨，其中神学官能心理学思想的代表人物阿奎那（Thomas Aquinas）便提出天命论，坚持君权服从于教权，为天主教义笼罩下的封建社会提供心理学辩护，以奥古斯丁的官能心理学为基础，将心理活动视为灵魂的官能。他提出："植物性和感性两种官能是人和动物所共有的，而理性官能是人所独有。感性官能包含有'内部感觉'，如想象、记忆、评价、一般感觉，均离不开非物质的灵魂，却不依赖身体器官。这样一来，各种心理活动就成为没有物质基础的神秘力量（心力），使官能心理学更加神学化。"[①]人的理性则也来自"超理性"的存在，人的心理认知能力来自上帝的启示，将之归为信仰的力量。

当代信奉伊斯兰教的国家也是以穆罕默德先知的思想影响着宗教区域内

---

① 车文博.西方心理学史[M].杭州：浙江教育出版社,1998,64.

每个人的心理特征与认知方式。类似这种不加批评地一味迎合宗教教义的心理学理论只会失去与哲学心理学及常识心理学相媲美的资格。但是从宗教教义影响个体或群体思维的经验性来看，研究宗教心理学可以为解释宗教群体中人的行为、探讨人的心灵、干预人的思想提供一条捷径，很有必要用科学的方法、哲学的思想来深入思考宗教心理学。弗洛伊德认为宗教可以让信徒陷入"集体幻觉"，给予心理庇护，让信徒"免受某类神经疾病的折磨；信徒接受了集体神经官能症，从而免遭个人神经官能症之苦[①]"。

于是，将传统宗教学派的心理影响经验与心理学方法结合变得很有必要，逐渐从宗教的学派范畴中脱离出来成为一门独立的学科，伍尔夫（David M. Wulff）将之称为宗教心理学。"它是把心理学理论和方法系统地应用到宗教传统的内容，以及相关的个人的经验、态度和行为的研究当中。"简单来说，宗教心理学就是研究有关宗教的行为，而不是人类日常行为或个体行为。宗教心理学的奠基人是威廉·詹姆士（William James），其在 1902 年以《宗教经验之种种》为名发表了吉福德演讲，认为宗教经验和成长过程是宗教心理学研究的关键。将上帝之类的神当作心理反应的本体论来源，清晰地区分精神健康的人、乐观的人和有精神问题的人，这三类属于不同的范畴。荣格认为精神健康的人可以将内心的冲突投射到上帝身上，"上帝的意象"可以实现个体更高级别的人格，从而反省并解决冲突，而有精神问题的人就找不到"上帝的意象"。依照宗教心理学观点，"宗教象征存在不会导致精神病，相反正是由于宗教象征的缺乏，未得到表现或不被认知而导致精神病"。[②]

由上可知，宗教心理学的分析属于现象学传统，强调心理学方法和宗教现象之间存在一种紧密关系，尝试探究宗教理念的心理来源和模式。纵观宗教心理学的发展历史，其中涉及宗教经验问题、宗教的无意识动力及形成信

---

① 〔美〕庞思奋，翟鹏霄译. 爱灵魂自我教程 [M]. 桂林：广西师范大学出版社，2010，302.
② Jung, C. G.. Memories, Dreams, Reflections [M]. New York: Vintage Books, 1963, 174.

仰的心理影响问题、宗教理论的心理治疗作用以及通过宗教信仰获得的自我实现方式问题等，包含了个体、人类和社会三个层次。

　　作为分析心理学的奠基人，卡尔·荣格（Carl Gustav Jung）提出了上帝和上帝意象的概念，上帝是不可知的存在，而上帝意象是真正可以体验到的现象。我们要分析心理学解释的路径，就不得不探讨荣格的"自性"概念。自性代表了人类心理的完整性。上帝的意象就是自性的意象，与不可知的上帝本身不同，其可以开放式地让人们探索以及改变，事实上上帝意象正在发生一次重要的转型。①这次转型不再局限于美好、男性和精神，还囊括了邪恶、女性和身体，形成属于人类共有的前意识。这里的前意识是可以被人们感知的存在，但需要经验的积累逐步成为意识边界可接触的部分，直至成为个体具体的自我意识。在他看来，宗教历史经验实际上是集体前意识的现实表征。其实荣格的宗教心理学，是以上帝为原型，但结合了东方佛教思想和实践方式，认为接受过训练的佛教徒所作的空灵顿悟过程就像做梦一般，是个体可以体验到神秘自性意象的过程，在顿悟和梦中产生宗教性意象。这种神秘的体验是"具有能动因素的心理状态，不由个体的主观意志所控制，它自然而然地控制人类的意识，人类是其牺牲品而不是创造者"。②荣格的宗教心理学也有其挑战性，他认为人类只能不断趋向自性意象，却不可能达到完善。暂且不论这个观点的合理性，但宗教心理学正在逐步成为当今心理医学手段的一部分，帮助健全个体的人格。

　　回顾宗教心理学历史，从1882年霍尔发表关于道德和宗教教育的演讲开始，宗教心理学也就100多年的历史，但是它为人类从心理学角度认识宗教经验提供了新的路径，为宗教学术的成长做出了巨大贡献。简而言之，宗

---

　　①　Jung, C. G.. A Psychology approach to the dogma of the trinity [M]. London: Routledge and Kegan Pau, 1986, 169.
　　②　Dobbelaere, Karel. Psychology and Religion [M]. New haven and London: Leuven University Press, 1999, 19 (5048), 325.

教心理学研究越发看中外在的行为表达和完善人格形成的方法研究方向，因此目前心理学家们也在论证宗教信仰对个体成长的积极作用，又逐步进入学者视野成为一种治疗理论。

1.1.4　科学心理学

心理学领域的科学心理学也称为科学主义心理学，起源于对科学实验方法的追求，通过标准量化、科学手段和对自然科学研究方法的效仿来实现心理学的科学合理性地位。它不同于产生于医学治疗需求的精神心理学分析，而是传统的学院派心理学。研究的问题承继于哲学心理学问题，但采用客观观察、实验、统计等研究方法以构建心理学的理论。

冯特（Wilhelm Wundt）作为实验心理学创建者，也是构造主义心理学的奠基人，其借鉴科学方法与技术手段创立了与哲学心理学对立的科学心理学。他将针对个体的实验心理学以及针对以人类普通经验为基础形成共同心理概念的社会心理学统一起来，形成一门研究直接经验的学科。他主张心理过程和大脑的生理过程彼此相互独立，不存在因果关系。"这一联系只能被看作并列存在的两个因果体系的平行，由于条件关系具有不可比较特性，它们不可直接彼此互相干预，我们将这一原理称之为心身平行理论。"①冯特提出通过对自身心理活动的观察、陈述来研究个人的直接心理现象，这被称为内省法；通过人类的历史文化社会资料来研究社会现象，被称为社会心理学法。冯特对科学心理学的全局观点，开辟了一个科学新领域，成为一门真正的实验科学。

之后又有德国心理学家艾宾浩斯（Ebbinghaus）、格奥尔格·缪勒（Georg

---

① 〔德〕冯特，叶浩生，贾林祥译. 人类与动物心理学讲义 [M]. 西安：陕西人民出版社，2003，32.

Elias Muller）等人对实验心理学做出了贡献。艾宾浩斯创造性地建立了研究记忆的新途径，严格地、观察结果对记忆的过程进行量化分析，并从研究感知这类简单心理现象扩展到研究记忆这类高级现象。他还发现认知存在局限性，人是具有错觉的。缪勒对费希纳的心物二元论观点进行了修正，认为刺激进入心理的损失可以从生理学角度阐释，并且修正了艾宾浩斯的机械被动理论，指出记忆是具有目的性的主动过程。

冯特的弟子铁钦纳（Titchener）创立了实验科学之后第一个心理学派——构造主义心理学。布伦塔诺（Brentano）开辟了反冯特的意动心理学，并为斯图姆夫（Stumpf）的机能心理学创造了基础。机能心理学是以胡塞尔的现象学为哲学指导，认为感觉认知的是客体对象暂时的空间以及时间特点，将冯特的内容心理学和布伦塔诺的意动心理学相结合，认为机能和内容都是合法的研究对象。斯宾塞（Spencer）认为有机体通过特定环境的持续作用在不断适应过程中获得新的机能。

美国的实用主义哲学家，机能主义心理学创始人詹姆斯（William James）主张心理学是生物对环境适应的自然学科，把心理视作人随着生物进化的历程形成对环境适应的一种机能。他强调两点：一是"一切心理活动都是伴随身体上的活动"；二是"大脑中的某种活动是意识状态产生的直接条件"[①]。当然这里的意识状态包含了心理学所有的内容范畴，涉及感觉、情绪、决定、意识、愿望、推理等内心的状态。在《心理学原理》一书中提出意识具有五个特点：个人性、变化性、连续性、对象性和选择性，提出本能是受环境的影响，与人生活中培养的习惯密不可分，并将情绪归为身体生理变化引起的结果。然而，詹姆斯在宗教心理学领域对信仰辩护的神秘主义倾向又脱离科学心理学的客观性。之后又有芝加哥学派，也称狭义的机能主义心理学派，

---

① 　William James. The principles of psychology [J]. China Social Science Publishing House, 1999, 7.

主张探讨生命个体对环境适应的机能，反对构造主义的元素理论。还有哥伦比亚学派，试图将机能主义心理学派进行融合，希望通过人的活动来探究心理状态。

为了脱离二元论以及唯心主义的束缚，美国行为主义心理学创始人华生（Watson）认为有机体的意识仅仅是一种假设，其行为是应对环境的全部活动，提出了"刺激—反应心理学"，主张环境决定论。他将思维视作内隐的语言习惯，认为它是由外部的语言演化而成，这种观点有机械主义或生物学化的倾向。华生与霍尔特（Holt）、魏斯（Weiss）、亨特（Hunter）以及拉什利（Lashley）都属于早期行为主义者。进入20世纪30年代，美国又发展起新行为主义，也称为目的行为主义，其代表人物是托尔曼（Tolman）。他将行为分为两种，分别是分子行为和整体行为，承认了目的、动机和欲求在行为主义中的作用，在一定程度上是对华生行为主义的修正。行为主义通过主张行为是心理学研究对象，用行为实验代替内省法，有利于科学心理学迈上科学发展的道路。但是行为主义对意识的摒弃，实际上是在否定主观性，这会导致科学心理学发展成为"无心理内容的心理学"，本末倒置变成无根之木，而且还会抹杀人与动物的本质区别——社会性，否定个体认知的突现性现象。

以康德（Kant）先验论和胡塞尔现象学为哲学基础的格式塔心理学的主要代表人物有韦特海默（Wertheimer）、苛勒（Kohler）以及考夫卡（Koffka），他们一起通过著名的似动现象实验发现心理现象是不可分解的整体，整体不是简单的部分之和，而是先于部分并且通过其内部结构和性质决定着各部分的功能。苛勒通过小鸡视觉辨别实验得出结论：引起反应的不是刺激，而是整个情境下的相对关系。人类认知所表现的意向性就是这种相对关系的表征。格式塔心理学认为，对人所直接感知到的知识经验的观察是一切科学的源泉，相比于意识，行为更是心理学的"基石"，心理现象是不可人为分割的格式塔。格式塔心理学派认为学习就是通过重新对整个情境以及内部众多关系组织之后的顿悟以及理解过程，为创造性思维的产生提供了理论支持。但是，该观点对部分的忽视和对历史因果关系分析的缺失注定其是片面的，毕竟生理基础支持心理学的认知过程，整体也不可能先于部分而存在。

回顾历史形态下科学心理学的演变过程，每种学派都为科学心理学的合理性地位而努力，但多次尝试都有各自的片面性。因而出现了与现代哲学中科学主义相对应的学科综合，这就是认知心理学，它专指用信息加工的术语来解释人类的认知心理过程。这个领域一般研究知觉、注意、记忆、思维和语言等方面，了解知识获得的方式，以及加工使用的过程，是以实证主义作为哲学基础。西蒙曾说："在哲学方面，它拥护唯物主义，主张没有什么独立的笛卡尔学派的灵魂，也拥护实证主义继续坚持对一切理论术语进行操作。"

1.2　当代心理学研究对象的畛域

要探讨心理学解释，自然要进入心理现象研究的相关领域，从日常生活的读心到心理的科学解读，通过科学视野下的整体与部分两个角度，更加深入了解不同心理解释的对象、方式及其互相之间的关系。心理状态是很多科学领域的焦点问题域，已成为众多学科研究的交叉点，彼此不分畛域。心理学研究视野包含了常识心理学范畴的分析方法和概念，也包含了科学心理学、认知科学和认知神经科学这三者对认知及心理活动的分析方法和概念。当代的科学心理学承继于传统实验心理学的研究方法，研究的对象依旧是感觉、知觉、记忆、梦、联想、情绪、人格、行为动力、认知等心理状态问题。认知科学是研究活体和人工信息加工系统的一般规律的学科。[①]它主要将人的信息加工工程类比成计算机系统，包括之后的人工智能。认知科学是认知心理学、语言学、信息科学、人工智能、神经生理学这些领域的混合体，这些领域都是围绕认知心理学对信息的加工而展开探讨的。认知神经科学则是关注所有心理状态问题背后的生理基础，也可称为心智的生物学，致力于大脑是如何产生心智的。此部分内容通过不同学科视角对心理状态给出各自的解释，

---

① 车文博. 西方心理学史 [M]. 杭州：浙江教育出版社，1998, 617.

对所选择解释路径在认识论及方法论的巨大差别予以深入的论述。

1.2.1　整体与部分的划分

根据戴维德·玛尔（David Marr）对视觉系统的分析，视觉这一认知现象从刺激、加工到操作，整个过程涉及物体对象的 3-D 模型表征、表面倾角和转角的计算以及在认知机构中的处理过程。依照等级次序分别为图像、原始素描、2½ 素描和 3-D 素描。图像层次是图像每一点的强度值，表征的是光的强度；原始素描是对象的一些边缘部分和虚线等，目的是得到一个二维图像，主要是反映光强度的变化和它们的几何分布；2½ 素描记录的是物体的表明方向和观察者的距离，以及在深度和方向上的不连续性，目的是明确观察者所关注的轮廓的不连续性；3-D 素描则是等级分布的 3-D 模型，基于空间分布附上物体的体积和表面形状，以坐标结构描绘其形状及空间组织，包括了体积和表面的原语，这是视觉模型处理信息的表征层次。落实到系统处理过程又分为三个层次，每个层次具体负责内容如表 1.1 所示。因此，依据处理过程的步骤，划分出解释的不同层次，不同层次的解释融合一起构成一个完整的分析过程。这就形成了一个由上至下解释的等级概念。

表 1.1　一个执行信息处理任务的系统可以被理解的三个层次 [1]

计算理论	表征和算术	硬件操作
计算的目的是什么；它为何是适合的；可以执行的逻辑策略是什么	计算理论是如何操作的；什么是计算输入输出的表征；输入输出转换的运算法则是什么	表象和运算法则如何能被物理性认知

[1]　Marr, D.. Vision: A Computational Investigation into the Human Representationand Processing of Visual Information [M]. New York: W. H. Freeman and Company, 1982, 106−113.

　　针对心灵的研究而言，其等级的基本理念是：下一层次解释是对上一层次解释的阐明①。当把心灵作为整体研究时，事实上我们的研究对象必须是智能代理的有机体，这是心灵探讨的基础，人类是最佳的研究对象。那么等级顶层的解释方式被要求可以解释和预测行为，低层级的解释可以解释认知代理的一部分机理或其中的认知模块。这样，顶层解释需要满足两个条件。要以人这一完整个体作为研究对象，还须是一种解释理论。自然而然，常识心理学是符合这个要求的，其他的科学理论只能作为低层级的解释。

1.2.2　日常生活的整体视野

　　日常生活对行为的列举往往是基于特定事件或状态来解释另外特定事件或状态，一般是单一且有时效性。个体从特定的视角去详细说明存在个别的、可识别事件之间的关系。通过一个事件给出单一的因果解释。比如，如果我们提出一个问题，玻璃为何会破碎，对破碎追溯原因可能会引用铁锤敲打，结合上述内容可泛化为：在挥舞铁锤至足够速度时，敲打玻璃就会破碎。心智行为的心理学解释是水平解释，位于心理学解释层次中的顶层，而心智行为的心理学解释也就是常识心理学。

　　常识心理学解释是帮助我们在日常生活中理解个体在特定情境下会有何种行为的心理学，具有策略性和预测性，引导我们了解别人的偏好和其他信息。它也可以帮助我们通过人们的行为反向了解别人的期望或信念，当然也可以从期望或信念预测别人的未来行为。可见，常识心理学是针对智力行为的心理学。在个体对智力行为理解过程中，不会有物理过程泛化或生物过程泛化的出现，只会出现符合当时场景且可被人们预测的动作，将人视作行为

---

　　①　Bermúdez, J.L.. Philosophy of Psychology: A Contemporary Introduction [M]. New York: Routledge Contemporary Introductions to Philosophy, 2005, 28.

实施的基本单元，对心智行为的研究也是基于整体的人。比如，当人们处于突发的地震现场时，第一反应是呼喊快跑，对这种反应的最恰当解释就是常识心理学，而不会求助于类似神经冲动导致的肌肉发生物理性改变这一系列物理性的汇总解释。常识心理学是一种基于其术语的成功且具有足够预测力的解释形式。[①]

常识心理学有其与众不同的地方，表现在两个方面：首先是独特的分类法。在个人层次，常识心理学囊括了一系列没办法归于低层级中的意向性认知状态，比如感知、信念、期望、希望、恐惧等，哲学意向性状态在世界的表征中一直充当重要角色。其次是独特的规则，对行为的预测规则只存在于常识心理学术语中，无法延伸到其他层次。

常识心理学是水平解释的一个成功范例。常识心理学应该是因果关系的解释方法，因此也是具有因果规则的存在。它通过将智能行为翻译为理性主体的行为方式来解释行为，这种翻译方式的原则是标准原则而不是描述性泛化。日常生活中，我们将智能行为视作理性主体所实施的行为，所以只要我们了解到主体想要什么或相信什么，他的行为就是理性的、合适的且可理解的存在。翻译的过程本质上而言是理性重构过程，为的是尽可能了解主体的理性。[②]事实上，常识心理学的可识别模式是很抽象的，它是不可能由某种机制解释这些特性的。这种共同享有的特征来自人们可以自由识别他人的信念和欲求，这些导致主体如此行为。因此，常识心理学是一种因果解释。那么，常识心理学的因果规则是什么呢？

常识心理学是否为因果关系解释，这个问题与常识心理学泛化是否严格，或是否为类规则有关系。在日常生活中发挥作用基于两点：一是存在因果有

①　Berm ú dez, J.L.. Philosophy of Psychology: A Contemporary Introduction [M]. New York, A Computational Investigation into the Human Representationand Processing, 2005, 34.

②　Putnam, H.. Philosophers and Human Understanding [M]. // A. F. Heath (ed.) Scientific Explanation: Papers Based on Herbert Spencer Lectures Given in the University of Oxford, Oxford: Clarendon Press, 1983, 91.

效的内部项，二是在心理状态之间或心理状态与行为之间存在因果规则。这是哲学家们对心理学解释的传统观点，但是丹尼特对常识心理学因果关系提出一个问题：如果没有可识别且清晰的内在项存在，常识心理学还可能有解释力吗？

传统的工具主义观点认为意向性立场不足以支持真假标准的判定，丹尼特从工具主义走向了"温和实在主义"，认为常识心理学具有真理倾向性，具有判定真假的标准特性。这个标准特性就来自信念—期望解释模式，这是一种脱离观察者的"真实模式"。常识心理学在认知系统的行为中，基于信念和期望便可以预测一个行为，而没有必要诉求于内部的因果项。人们利用这一真实模式可给出成功的解释，丹尼特说："如果一个人发现了一个可预测的模式，就可以认为他找到了一个不同的因果效力——它会通过标准经验方法的变数操作来生成一个可测验的不同后果。"[①]他认为主体的行为或系统是一个不可还原的整体，预测什么会发生是通过模拟，而不是通过任何同构来实现的。回归到心理学解释，我们理解人们的行为是凭借判断具体行为与理想的理性行为的接近程度。"模式的选择确实依赖于观察者，基于特质实用主义基础决定一件事情"[②]，但对于观察者而言，他不需要决定所选模式是什么内容，只需要在独立存在模式中决定哪一个是其所强调的就足够。丹尼特认为因果关系有效性是基于不同环境下相匹配事情是否发生而决定，当一个人在观察主体行为，其可以很精确地告知其所识别的内容。这种方式认为命题态度具有因果有效性，心理现象的特质就是要与这些原因、信念和个体意向性背景相关联，一件事很可能有不同时间发生的不同原因与之对应。同时，戴维森（Davidson）提出的心理状态的无律则一元论导致的一个直接结果就是在心理

---

①　Dennett, D.. Real Patterns [J]. Journal of Philosophy, 88, 27－51, reprinted in W. Lycan (ed.) Mind and Cognition, Oxford: Blackwell, 2nd edn, 1991, 43.

②　Dennett, D.. Real Patterns [J]. Journal of Philosophy, 88, 27－51, reprinted in W. Lycan (ed.) Mind and Cognition, Oxford: Blackwell, 2nd edn, 1991, 49.

学状态之间不存在因果规则，从根本上要接受心理学领域具有形而上学不确定性。例如，如果诸如信念或期望和一种神经状态一一对应，那么这种不确定性就来自神经生理学。

此外，对常识心理学的因果解释还有一种新的观点，认为当且仅当心理状态缺失时给定行为不会发生，就可以认定心理状态因果性地解释了给定的行为，这被称为反设事实途径。因为因果关系是否存在依赖于条件陈述的真理性，这样就不需要研究常识心理学的因果泛化关系。即使主体有不同的信念和期望，或者即使环境因素是不同的，但对某种反设事实陈述的真理判定最关键的还是出于心理学因果解释。

通过以上论述，我们明白常识心理学基于日常语言，应用带有意向性的信念或期望等词汇来描述心理状态，以及预测行为的发生，这是常识心理学的价值所在，可以辅助人们认知外界并产生与认知相应的行为。

1.2.3　有关认知的科学成果

这里基于科学研究方法论，主要分析与认知这一人类心智活动相关的科学理论成果。感觉、注意和认知。"perception"也可翻译为知觉，认知包括觉知（意识到），三者形成一个认知的顺序，依次从行为"感觉"作为输入，在语义水平接受"注意"的筛选，被注意到的信息才会接受下一步的加工，在"认知"中得以表征。

1.2.3.1　感觉

感觉是人们特别拥有的一类接收信息的能力，一般是由物种感觉形式组合形成，分别是视觉、听觉、触觉、嗅觉和味觉。一个正常人各个器官彼此相互协作，发挥着信息整合的作用。心理学研究的一个重要细分部分就是感觉过程。这里着重以视觉为例，因为视觉感受过程占据个体的百分之六七十，很具有代表性。

在认知心理学领域，视觉系统会对线条的方向、物体的颜色以及运动与否都予以表征，这些不同表征信息在视觉系统内部分别加工。许多不同的视觉渠道以及大脑皮层的不同皮质区域都参与到视觉信息的整个加工工程。这有实验依据，据范艾森（Van Essen）和戴约（Deyoe）的统计结果，人体共有 32 个神经区域参与这个过程，是与线条、颜色、运动等敏感性相对应的区域，独立地表征各个特征。[①] 视觉这种空间表征方式也被称作"认知地图"。认知地图是一种肉眼可见有关物体表面所有几何关系在核心神经系统中的记录，可用于在环境中有计划地行动。[②] 这种视觉认知系统是动物界的一种普适性手段，从昆虫到哺乳动物都已发现类似形式的认知地图。这套认知地图有两层功能，在个人层次用于识别物体的几何关系，在亚人层次，尤其在动物运动中，还可保存地球坐标中的长度关系这一系统。

除了探究视觉信息加工过程，认知心理学还研究如何识别物体的方式。最初的设想执行这项任务的方式就是模板匹配。简言之，就是将对象的图像和大脑中所保存的每一个物体的模板进行匹配，从中选择出最佳匹配模板。之后，比德曼（Biederman）又给出新的理论：通过部件的识别理论。这个理论认为我们通过组成的过程来识别对象，具体分为三个步骤：（1）将对象拆分为一组子部件；（2）重新分类分解后的子部件，标准是基于比德曼所创立的 36 个子部件基本分类，称之为几何子，如同识别字母一般识别几何子；（3）在成功识别对象子部件及构造形式后，可以将对象识别过程等化为对这些子部件组成的模式。这种模式的关键在于，以子部件的识别作为中介来实现对象。

---

①   Van Essen D. C, Deyoe, E. A.. Concurrent processing in the primate visual cortex [J]. Cognitive Neurosciences, 1995, 383-400.

②   Gallistel, C. R.. The Organization of Learning [M]. Cambridge, MA: MIT Press, 1991, 103.

另外，还有将情境或外界一般性知识纳入考虑的情境与模式识别，以及综合情境和特征信息的马萨罗 FLMP 模型，都是在基本模板识别基础上发展而来的。

认知神经科学领域中，视觉系统机理研究是在细胞的层面。当物体的光线进入眼睛，再透过晶状体到视网膜，视网膜最里面一层由感光细胞构成，具有光感敏感色素，可诱发下游神经元的动作电位。这样研究的感光细胞便可以把外界物体的光线刺激转化为内部神经系统识别的电信号。视网膜是对视觉信息的精细汇聚的组织结构，之后的电信号是由神经节细胞传递出去。这个过程存在 2.6 亿感光细胞到 200 万神经节细胞的载体转换，这表明这个过程存在信息的压缩和处理。这些神经节细胞构成视网膜上信息处理环节，之后抵达漆状体通路，即外侧漆状体，通过通路到达皮质整个过程的信息处理经过四种神经元细胞，分别是：感光细胞、双极细胞、神经节细胞和 LGN 细胞。经过这个过程，光电信息才进入视皮质区，但是这个皮质区对外界对象信息的处理区域也有区分，例如，V4 区处理颜色信息，而 V5 区处理运动。

另外，对象的光电信息也不全部在视皮质区域处理，施耐德（Gerald Chneider）对仓鼠的商丘重要性验证实验，证明上丘负责刺激位置的定位能力，而视皮质负责光的视敏感度。

1.2.3.2　注意

认知心理学家指出，在人心智信息加工过程中存在序列瓶颈，表示信息加工只能依照顺序一件一件去完成。这个序列瓶颈是在感知到刺激之前，还是在感知到刺激之后对其进行思考之前呢？这属于注意的研究问题之一，对于决定注意的对象选择这一过程的因素，也有目标导向因素和刺激驱动因素的区分。

当人们集中注意力去搜寻一个任务时，往往比无意识的知觉消耗时间更久。而这些特征在注意力中的显现方式是刺激驱动注意，比如在一片蓝色的自行车中找到黄色款，似乎不经过搜寻过程就直接指明了，这是特征的一种跃出显现。对象的特征能否进入观察者的意识，则依靠注意的焦点，而这个焦点也不与我们视觉系统的中央凹（视网膜上视敏度最高的部位）正在处理的视野区域相一致。

由西蒙斯（Simons）和查布利斯（Chabris）在1999年演示的持续注意效应的实验证明了这个结论。他们要求被试看一段录像，录像的内容是几个人彼此之间传递篮球，这几个人分为两拨，一队是白色球衣，另一队则是黑色球衣，实验前告知被试记录白色球衣球员之间来回传递球的次数。在视频录像中，游戏过程中有一只黑猩猩从中间穿过，并且还捶胸顿足表演了一番，等看完录像后，他们询问被试有没有看到黑猩猩，结果是92%的被试注意不到黑猩猩的存在。可见，注意焦点不是由对象是否在视野内决定的，那么它如何被决定注意什么呢？

特雷斯曼（Trisman）经过实验发现人们存在错觉关联，对象特征的观察是分离的过程，而且在这个过程中，搜寻对象的特征项越多，耗费的时间越久，结果证明我们有关对象的特征认知需要依照序列一个一个记录刺激，即使对于同一物体对象的不同特征亦是如此。那么我们对物体的整体映射应该是大脑存在一个特征整合的过程。

在认知神经科学领域中，进一步深入研究认知心理学的发现，并通过对恒河猴的电极插入实验，发现特征刺激具有不同单个神经细胞所对应。视皮质层是依照拓扑结构的方式组合在一起，在大脑的左右半球的相对一侧将左右视野分别进行表征。当一个人将注意力保持在特定的空间对象上，视皮质层会在刺激出现的70—90毫秒出现明显的神经反应，而注意对象是什么时，则需要200多毫秒，这个发现表明基于内容的注意似乎比基于物理特征的注意要消耗更多的努力。①

　　现在心理学发展成果告知我们，注意与感知紧密相关，而且注意在单一的神经系统内存在处理瓶颈，通常人们不会意识到自己眼睛转到哪里，这是一种潜意识行为。注意分为主动注意和反射性注意，前者自上而下内在于被试的目的所驱动的意识中，后者是自下而上由外在刺激驱动的加工过程。诸如视觉系统等知觉系统、控制手指活动等运动系统以及中枢认知系统等都是平行系统，彼此各形成一个处理加工信息的地方，每个系统内不停地输入众多信息，彼此需要"注意"的加工，这就形成一种竞争状态，然而注意每次只能同时加工一个信息。

1.2.3.3　认知

　　认知是形成知识表征的过程，是习得行为的过程。曼德勒（Mandler）和里奇（Rithey）设计了一个有关学习场景图片的实验，这个场景里有一个站着拿着书本的老师，一个在书桌后端坐的学生，教室墙上贴了一张世界地图，还有两张办公桌。实验者将这个场景图片给被试看，同时其中还设置了两种干扰性图片，分别是表面性干扰，比如只改变图案中老师的衣服颜色；特征性变化干扰，将图片中的世界地图改变为艺术图片。实验结果证明，相比语句的形式，被试对语句的意义更为敏感，同时正常个体对图片含义的敏感度胜过对语句意义的敏感度。其他实验也进一步证明个体会很快遗忘细节，但对意义的认知记忆保持更加长久。可见，把认知过程设计出一些有意义的事情，有助于提高记忆的长久性。

　　从信息加工的角度看，认知过程是对信息重新编码、保存、提取或检索的过程，是知识形成的过程。记忆是认知系统信息加工的主要过程，伴随年

----

①　〔美〕安德森，秦裕林译.认知心理学及其启示[M].北京：人民邮电出版社，2012，77.

龄逐步增长，个体的记忆也会随着认知水平的改变而不断修正，同时记忆方式也有显著的年龄差异。在青少年时期以机械记忆为主，理解记忆为辅；中年时期逐渐以理解记忆为主，机械记忆为辅。随着年龄的增长，老年时期的记忆力日益衰退。[①]

依照存储记忆时间的时效性，记忆分为短时记忆和长时记忆。顾名思义，短时记忆的更新速率很快，不断被其他信息所取代，并且信息量有限，特定的发音形式或符号视觉形式都是短时记忆可使用的编码方式，因此短时记忆往往以机械记忆为主。虽然短时记忆存在的编码方式很丰富，但是往往是以听觉编码为主要形式。1996年史密斯（Smith）通过实验发现大脑区域的右半球控制着短时记忆的视觉编码，而左半球则控制着声音编码。

长时记忆是以理解记忆为主，基于个体对信息类别的理解。上文提到的曼德勒和里奇的实验，场景是一张静态图片，但是实验的另一个发现是：被试往往会将此场景视作一位老师在给学生教授地理课，而不是直觉地认为仅是特定对象的组合。这表明人们记住的是类别信息，而不是具体细节。当然这种类别记忆也会左右我们的知觉，以至于产生很多刻板印象。一方面，长时记忆是通过自身的语义网络表征来编码命题知识或概念知识，然后利用编码系统有组织地回忆新命题的信息内容，从而对新命题给出断言。往往同类别的知识表征更容易被回忆，但是，如果被试反复经历一个事实，也会影响被试从记忆中提取信息的时间，会加快回忆速率。另一方面，长时记忆也会通过知觉符号系统的表征方式来解释行为，因为人们记住的不是形式符号，不是行为的形式，而是对这个行为的特异知觉通道。人的意图便是个体特异知觉通道的一种特殊形式，比如"写下"签名和"伪造"签名是相反的意图，带来的实际知觉体验是完全不同的，后者情形还使其知觉过程带有紧张感。

---

① 梅锦荣.神经心理学[M].北京：中国人民大学出版社,2011,329.

据此观点，语义也是一种知觉符号系统内的表征。认知神经科学也对大脑负责巩固常识记忆的区域进行过专门研究，发现海马体的损伤会导致患者不可以将新信息存在长时记忆库。

以上内容既是认知心理学和认知神经科学在认知及行为方面研究的大概梳理，也是对两个学科研究重叠和交集的陈述。作为心智现象解释方式，这两种解释方式存在很多融合的领域，在哲学方法论方面不存在本质的差异，可以依靠彼此，对具体问题给出补充性解释，甚至形成跨界的完整理论。这也是心理学解释问题哲学研究的初衷之一，可以为与常识心理学解释的融合提供具体的对象路径，就具体问题对不同解释范例之间的融合可能性进行探讨。

1.2.4　心理学解释的概念——簇

基于以上内容的展开，我们可以从哲学的视角将心理学解释的对象或方法等抽象出来，从哲学视角大概厘清心理学解释的普遍性，理论和规则中"簇"的提出是为了设立心理学解释共同性概念的假设，从而为之后衔接问题的探讨铺平道路。

心灵哲学的主要研究概念是诸如信念、期望和动机，主要目的是分析知识的来源。纯概念的分析是先验的，不能判断有关现象的经验事实。只有通过识别特定概念之间的关系以及构建起可以检验我们直觉的实验，才可以引导我们真正认知这些概念内涵。例如，我们要理解认识论的概念，先要搞清楚什么样的必要且重要的条件组合在一起可以引导我们直觉得出某人习得知识的论断。如果其中有某个条件没有得到满足，那么将这人的信念视作知识就值得商榷。

哲学与自然科学、社会科学的经验性研究很少有交集，因为纯粹的概念分析是哲学研究的关注点。我们对知识概念的哲学分析也不会讨论个体获得知识的确切心理学机制，可见在普通的概念范畴不受限于科学的成果，那我们心理学哲学的概念分析还需要科学辅助吗？

对于一般的概念范畴我们会给予一个思考不同对象和背景的框架，这个知识框架默然存在于个体认知系统中，例如某人面对由纸张制作的房子，自然先会理解面前是一幢房子，可能起初未必能够识别纸张制作，但之后自然会正确识别材质。① 哲学家们在讨论假设时也用到直觉，反映了先验理论的存在，包含日常生活的概念。概念分析不如概念被分析的过程那么精确和完备，只有宽松的限制条件才可以推行有效的概念分析。长久以来学界认为，一个成功的概念分析不需要来自科学的必要限制条件，概念分析可以完全独立于科学或经验性研究。② 然而，在哲学领域很难洞察语言和概念的本质。在分析事实和综合事实之间存在巨大的不同，前者的事实依据是词汇的意思，后者的事实依据是词的排列方式，这两个路径经常被传统的概念分析所应用。实验事实可以驳倒一个综合命题，一个列举实例的归纳过程也可以构建一个综合命题。奎因认为概念分析是更成功的真值，忽略经验调查研究，不同于综合真值。

普特南（Putnam）不同意奎因的观点，他认为分析事实有无关重要的琐事，例如说"所有单身汉是没有结婚的男人"，而且不应该将非分析事实都看作综合事实，这也不合理。有些命题既不是规则性且标准化特征的分析陈述，也不是直接经验特征的综合陈述，不属于任何范畴。普特南提出一个重要的概念集合，称为规则—簇概念，许多理论和科学概念由规则来确证。动能概念就是在陈述凭借规则如何创造出活跃能量。普特南强调相近的有关系概念都是由一个规则确定其内容的。概念"能量"是规则—簇概念的一个典型例

---

① Goldman, A., Over, D.E., Johnson, M..Philosophical Applications of Cognitive Science [M]. Boulder, CO, Westview Press, 1995, 55.

② D. Lewis. A Companion to the Philosophy of Mind [J]. Oxford, Blackwell, 1994, 99.

子，它涉及许多规则，在其中扮演许多角色，这些规则和推论角色相互联系地共同构成其意思。"我认为，高度发展的科学术语都是规则—簇概念，人们应该对支持规则是分析的观点表示怀疑，尤其规则的主要术语是一个规则—簇术语。在规则—簇概念之间形成分析关系的原因是，这样的关系只会是另一种规则。一般而言，任何一种规则在不破坏规则—簇概念的同一性前提下都是无约束地发展，就像一个人只要不中断长成为人，从出生的无理性到成长出许多特质。"①

　　涉及规则—簇概念的原则和陈述正好处在分析哲学与综合哲学中间灰色地带，一方面，这些原则与陈述不像"单身汉"特指"未婚男人"那般确定规则—簇的意思；另一方面，它们也不可能由实验来论证，因为太过抽象且普遍。规则—簇概念为思考一些心理学概念提供了一个模型，尤其是鉴于哲学和心理学之间的领域。其中有理性、感知、认知、推理、信息、表征、理解、行为和概念，这些概念应该基于心灵分析中扮演角色的不同来确定内涵。从内隐且引导我们日常生活的常识心理学理论到认知心理学的经验研究，再到计算神经科学领域的数学模型，都应该就统一使用这些概念达成一致。对概念的合适理解一定是基于簇中不同线索的整合。心理学哲学中簇概念与之前普特南簇概念之间有两个明显的区别。第一个是心理学哲学中的簇概念最好不要被视为规则—簇概念。即使常识心理学中包含类似理论或类似规则的存在，但在心理学中规则是很少的。更合适的做法是将心理学中概念描述为理论—簇概念，要知道心理学家提出的许多解释理论不具备规则性。第二个是可以更加清晰地描述普特南的动能概念，体现了不同的物理相关规则。其中概念没有像理性或表征这种概念，存在于我们的常识认知范畴，即使在认知科学研究中，理性和表征概念在不同解释层次出现。我们发现表征在个人

---

① Putnam. Scientific Explanation, Space, and Time. Minnesota Studies in the Philosophy of Science [M]. Minneapolis, University of Minnesota Press, 1975, 52.

层次的做决定过程中出现，也在亚人认知过程中出现。[①] 心理学哲学中概念使用涉及语言使用的过程和非语言生物的心理过程，如何整合成一个统一的概念是一个挑战。

对享有这些概念的哲学领域共同体而言，很有可能会发生系统性且不可发觉的错误，这种错误来自对概念本质认识的不足，简单来说就是因为哲学人士不可能对科学现象拥有足够丰富且深刻的理解，甚至一些现象的内在隐藏本质与共同体所持的普遍理解是南辕北辙的。普特南曾说过"当阿基米德宣布一些东西是黄金时，绝不是仅仅说它具有黄金的表面特质，他是说它具有与真正黄金相同的内在结构，也就是强调本质"。[②] 现代人通过精密的仪器可以快速识别一块金属是否为黄金，而在人类的初期这可能会犯错，因为我们把握不到本质。这也是心理学哲学应该积极避免的问题，但是科学心理学、认知科学和认知神经科学仍处在初级阶段，因此我们更应该理性地处理相关学科的哲学问题，尤其心理学哲学和这些心理科学的互相作用关系。基于心理学中概念，心理学哲学中交互的概念可以论述为理论—簇概念。理论—簇概念要求是具有标准性和经验性的双特质概念，其中困难的是将不同支线的簇整合在一起，在不同概念描述层次综合出一个理论。

---

① Brown, D. A.. Companion to Philosophy of Law and Legal Theory. A companion to philosophy of law and legal theory [J]. Blackwell Publishers, 1996, 1−9.
② Putnam, H.. Mind, Language and Reality [M]. Shanghai Foreign Language Education Press, 2012, 235−237.

1.3　心理学解释的自主性

在心理学解释中，以逻辑或概念的范畴来解释心理学必然性，研究目的是探讨心理状态和行为之间为何是这般关系，询问心理学中的 why 问题。心理学解释便是在心理学语境下给出这个问题的答案，而这个语境来自心理学相关领域的背景知识，包括科学共同体所共享的知识概念、技术手段、理论体系等。只有在心理学领域范畴内，心理学解释的优越性才能得以体现，同时也随着背景知识语境的不断丰富和修正，不同知识体系的交集和彼此影响，导致心理学范畴改变。在不断更新的心理学研究领域，心理学解释的"解释域"也在不断融合，毕竟"真正的解释出现在动态的语境中"①。

1.3.1　心理学解释的多样性

心理学解释的多样性来自三个方面，分别是：基于共同概念范畴的哲学多样性、基于学科基础理论的科学多样性以及基于第一人称和第三人称解释的多样性。从不同的视角看待心理学解释，都展现了心理学解释的多样性。

---

① 　郭贵春，安军．科学解释的语境论基础 [J]．科学技术哲学研究，2013, 1, 1-6.

从哲学的角度研究各种具体心理学科学方式之间的融合问题，须构建现代科学共同适用的科学方法论。将认知心理学、信息科学、神经科学和科学心理学等范畴融合形成一般科学方法论，可以依照具体的研究对象形成学科之间的桥梁。从个体与外界的互动关系看，个体的心理系统分为三种：一是外界与心理状态的关系，这也是"心—身"问题关注的焦点，是刺激如何输入的问题；二是心理状态与行为的因果关系，这是意识如何输出的问题；三是心理状态与大脑之间的关系，这是作为功能性表征心理加工的问题。另外，基于人类共同体、个体、心理状态加工和大脑这四个心理状态载体，也可以分为四个层次，依次对应心理学解释的四个解释对象，分别是社会问题、个人与他人的理解问题、个体心理与行为问题、意识产生问题。

从科学发展、学科林立的角度，我们发现心理学解释都是每个学科的一个研究领域，彼此相同点是对象皆是心智状态，不同点是解释的路径有区别。

以个体认知命题过程为例，在认知心理学中，主要涉及心理表征的处理，一个是信息的加工依赖心理表征，另一个是心理表征转化带来的概念转换。个体对外来刺激存在多层次表征，第一层表征是物理刺激，比如光、声波形式，第二层是与字母相关的语音表征，第三层是字母之间匹配关系的表征，也是类别表征。经过所有层次的表征分析，个体识别了语句在心智层面的所有表征。下面的心理表征作为输入，然后心智对其进行某种形式的处理加工，这是心理操作过程加工后产生的表征，经过个体的反馈成为输出。心理操作基本进行四个基本程序：（1）编码：被试必须能够识别命题；（2）比较：个体可以把命题的心理表征与其记忆中的相关内容的心理表征进行比较；（3）决定：个体能够判定命题是不是和其记忆当中的内容中一项是匹配的；（4）反应：个体对决定要有输出。而认知神经科学则是针对大脑区域与相关心理反应之间的相关性研究，进而得出其中因果关系问题。

相同的命题认知，神经科学是凭借仪器的直接检测或间接检测方式确定个体的拓扑地形表征，在视觉中，不同的命题语言形式有相应的视网膜区域定位，在不同人声音表达这个命题时，相应的皮质下和皮质的听觉区域也有相应音质定位图。

不同学科都有对命题研究的不同思路角度，彼此互不相通，但都有其客观合理性，为研究命题认知提供各自可行性研究途径。

1.3.2　心理学解释对象的复杂性

心理科学的研究主体是人类自身，研究对象是自身心智状态，研究对象具有意向性、内隐性和感受性特点，研究方式需要涉及意向性语言，那么我们可以认知人自身的心智过程吗？

心智现象属于一个人的内在情感，一直以来的心理学解释基本是从第三人称角度的分析，但同时又是第一人称的属性，回顾科学发展史，只有心理学是唯一同时兼备第一人称属性与第三人称属性的研究对象。回顾心理学史，我们发现心理学史各个阶段的主要研究对象也各不相同，起初笛卡尔将心灵与身体二分，在近现代科学心理学独立之前都是将心灵作为研究对象，而冯特创立的构造主义则提出了意识概念，之后的机能主义学派和意动学派继续这个研究对象，然而，行为主义将行为作为探讨心理活动的来源，格式塔学派将意识和行为融合为整体，以个体的整体作为研究对象。另外，随着心理学派的丰富和应用，逐渐产生了以心理疾病患者、发育期儿童或社会中的正常人为研究对象的学派。心理学本身是一门百花齐放、百家争鸣的科学。

首先，心理现象的概念复杂性。站在心理现象的丰富性角度，会发现诸如感觉、知觉、意识、态度、情绪、语言、知识、信念等都是心理世界的一部分，都可以作为研究的单独对象，分离出来单独研究，纷繁复杂的现象也充斥着心理学研究通向真理的道路。其次，心理现象的缘由复杂性。同一个心理现象在不同个体身上具有不同的背景和经验，本质上是动态的过程，从现象背后的原因角度，可以是与外界行为的因果关系，可以是与神经活跃的直接关系，可以是与社会发展的意识形态关系，可以是与生物进化的本体论关系，也可以是与个体自身成长的环境适应关系，每种关系代表着心理现象形成原因的层次性。再次，心理现象的载体复杂性。心理学研究人这一物种的心理特征，这个物种既是研究者，亦是被研究者。当个体成为社会一员从事社会行为时，他具有社会属性；当个体作为智能行为者时，他具有主观性；当个体作为生物进化的高等生命时，他具有连续性；当个体作为单独整体存在时，他具有神经控制下的系统性。最后，心理现象可理解方式复杂性。日常生活中我们理解他人的情绪，可以直接感知到，并且当下预测其行为，这种理解是快捷的、自动的过程，但是又不能像物理性一般给出明确的公式加以解释这种理解，也不能像数学一般可以直接验证效果，这是其复杂性的表现之一。

除此之外，还有人性的复杂性。人性的差异极大，个体与所在团体不一定具有相关性，而且这种异质不具有量化的可行性。人性是一种价值判断的对象，涉及真、善、美等价值问题，每个人所崇尚信仰的价值观不同，决定了其心理现象的异质。人性是社会性和自然性两种成分构成的复合体，对人性的研究势在必行，是构建社会学和自然科学的可行路径，但这也为心理学的复杂性增添了新的难题。

1.3.3　心理学解释的意向性

心理学中的意向性体现在意向状态上，意向状态有感知、信念、期望、希望和恐惧等，它们具有指向性，在解释中充当一定角色。当然这些是属于常识心理学的专有词汇，在科学心理学中也充当重要角色。心理状态通过意向状态来形成因果效力，并在常识心理学解释中充当其他心理状态或行为的因果角色。不同学科的心理学解释的共同意向状态问题如果可以得到解释，那么就可以解决意向状态之间的转换关系，而不需要必须诉求于类似物理学的因果规则。① 比如说，只要在意向状态和物理状态之间存在个例—个例同一性关系，这就允许常识心理学引用意向状态作出真正的因果解释。依照丹尼特的观点，作为心理学一部分的常识心理学解释力来自意向性立场，这不同于其他心理学解释学科的设计立场或者物理性立场。

在科学心理学中，其所作的心理学解释往往要诉诸命题态度，命题态度是具有意向性的心理状态。尤其在陈述一个心理现象命题时，只有命题态度才能准确表达其中的关联，这种关联不是物理学中的因果联系，而是在心理状态的特定视角下展现出对象的"侧显形式"，这决定了外界事物在心理的表象方式，这些实实在在存在于科学心理学研究当中。做实验的研究者，作为研究主体也受这种侧显性的影响，对实验的结果的认知具有选择性，这种选择性决定科学个体只能从某个认知侧面来认识心理状态。可见，意向性是科学心理学研究工作不可避免的特性，这个难点也是认知科学和认知神经科学工作主体不可避免的问题。

以上是基于心理学解释内部客观的本体论视角探讨，而单从意向性解释认识论视角而言，意向性解释也为 why 问题提供了"理由"。

作为科学解释的一个分类，心理学解释也存在语义学传统与语用学传统之间的对垒。一直以来坚持的因果关系解释给心智状态列出"原因"，自然科学界认为"因果关系是存在于世界当中可以作为科学解释基础的原因"②。但是，心理学的很多现象或意向状态是出自个体的价值观信仰，这就需要有强

① Bermúdez, J.L..Philosophy of Psychology: A Contemporary Introduction [M]. New York, Routledge Press, 2005, 46-47.
② Salmo, W. C.. Scientific Explanation and the Causal Structure of the Word [M]. Priceton University Press, 1984, 121-123.

调语境，注重个体信仰视角的理由。在语用学解释层面，意向性解释有其优越性，对于社会学中人的行为研究具有重要阐述意义。此外，意向性解释是常识心理学的基本概念，意向性是其基本哲学态度，适用于科学心理学，但在科学心理学、认知科学和神经科学领域的基本哲学态度是设计主义及物理主义。在传统的自然科学领域，意向性解释没有如此解释价值，而这一点也正是心理学解释相对自然科学表现出的自主性。

心理学解释的自主性是其内容的复杂性、涉及学科领域的多样性、心智状态探讨的层次性、个体心智现象的多角度性的结合结果，从科学心理学独立地位看，心理学解释的自主性就是自然成立的，不具有还原物理主义的可能性，也不具有生物主义的可能性。但心理学解释的自主性对于重新定义意向状态的概念具有前提价值，只有在肯定心理学解释特有属性，如意向性的基础之上，我们才可以进一步推进对意识主观性、侧显性以及突现性这些特性的本体论认知，从根本上找到常识心理学与其他学科对心理状态解释之间的契合点。

1.4　小结

　　本章首先介绍心理学四大历史形态，说明了心理学涉及领域之广，内容之复杂。其次将当代心理学研究对象划分为日常生活领域的行为预测，以及对具体科学实验对象研究这两类，尽管这两类看似相去甚远，但皆属于心理学解释的对象，而且都符合心理学解释概念——簇的要求。最后基于多样性、对象复杂性和主观意向性三个方面分析心理学解释的自主性。

第二章

心理学解释的相关概念范畴及衔接问题

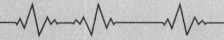

2.1　心理学解释问题的必然性

自然而然提出一个问题，有没有一种机制可以从感觉的物理性立场扩展成认知的意向性立场？或者说，其他心理学科有没有可能对常识心理学意向性立场的泛化特性作出合理回应？

2.1.1　常识心理学的本体论探讨

常识心理学的主要特征是意向性状态，对于日常社交中解释和预测行为具有客观实在性。认知不是独立的活动，不可能从认知个体分离出来，是以单个整体形式存在的，这就要求我们必须把心灵看成整体存在。满足这一点需要基于两个基本事实，一是只有有机体才具有心灵，二是认知过程要求有机体以智能代理的整体形式来实现，意味着部分分析认知模式不能兼顾智能代理的行为方式。

基于约翰·塞尔（John Searle）的观点，通常认为智能行为都是理性对象的行为，由于人们彼此之间可知晓对方相信什么或者想达到什么，因此他们的行为通常是合理的、可知的、可理解的。理解对方行为的方式一般需要解释他们的言论或行为内容，而这又需要对方具有和我们一致的意向性状态组合，以及一系列连贯的偏好分析过程。简言之，日常解释他人行为的过程本质上是合理的重建过程，是为了在最合理的程度解释对方的智能行为。常识心理学有三个特点。其一，合理性来自意识的可知性。塞尔曾说："意识是心智状态的标识，任何意识或潜在意识状态都是个人层次状态。"[①] 其二，连贯性是认知渗透的过程，只要一个心理状态面对认知主体的命题态度具有合理敏感性，那这个状态就是认知可渗透的。随着认知主体信念、期望或其他意向性态度的改变，认知主体也会改变认知的渗透过程，这是由命题态度的个人层次解释所固有的特征。其三，一致性体现为意向性状态的集合，所有大众命题态度范式是彼此之间可以理性感知对方的基础。

常识心理学的核心概念是意识，其中命题态度具有意向性特质，指导人的行为。对于意向行为是否存在，彭菲尔德（W.Penfild）对有意识能力的病人大脑做电刺激，其手臂因电极而运动时，询问病人想法，病人回答："我没有这样做，是你迫使我这样做的。"病人否定了他的运动，可见人身体的运动只有包含了意向性才能称为行为，也从侧面证明意向状态是实在的。行动一定是由意向状态引起后续的身体运动，这也有效论证了行为主义及取消理论是错误的。莱尼·路戴尔·巴克（Lynne Rudder Baker）认为："我们所关注的行为首先是带有意向性的行为，不单是肢体的运动。"[②] 我们不时精确地将常识心理学用于交流，也不时从我们对他人信念所知来预测我们所认为的他人行为，也不时凭他人的行为了解心智如何工作，推测出确切的动机。

常识心理学在科学领域的解释价值是有目共睹的，命题态度是科学研究纲领的一部分。取消主义的代表丘奇兰德（Churchland）亦承认，"任何研究心灵与大脑的科学，包括神经科学，在一开始时都需要使用常识的概念"。[③]

---

① Searle, J.. Is the Brain's Mind a Computer Program? [J]. Scientific American, 1990, 262(1), 26-29.
② Lynne Rudder Baker. What Beliefs are not [J]. Rerprented in Steven J. Naturalism, A Critical Appraisal, University of Notre Dame, 1993, 3-32.
③ 曾向阳. 略论常识心理学对精神实在的肯定及其哲学价值 [J]. 自然辩证法研究，1997, 11, 34-38.

常识心理学意向性概念是社会心理学解释的基础，彰显社会共同体的文化圈特性，要知道人的心理行为具有文化的特质，在相同的文化背景下享有普适的文化资源，同时形成相同的生活价值，便于彼此的交流和融合，不同文化圈之间的意向性合集也存在差异性，这种差别会表现在具体的认知差异上。某个文化圈所具有的心理文化和其他文化圈所具有的心理文化之间可能会有巨大差异，这既表现在心理行为上也表现在心理意向性上。

2.1.2　心理学解释的不可通约性

当我们将心灵视作整体，很难应用玛尔在视觉系统中所使用的功能性分析。玛尔的视觉系统模型是有关不同层次解释如何在认知现象中融合的最好分析，对理解心理学解释的本质最好的范例之一。视觉系统模型从采集信息到被理解之间有三个层次，分别是计算理论、表征和计算和硬件操作。计算分析负责理论层次认知系统的信息输入和信息输出，传送认知现象的基本描述。表征和计算层次是负责识别信息加工中的限制性条件和信息处理结构，这些条件和结构服务于计算理论层次，详细制定表征输入和输出之间转换的一般算法规则。硬件操作层次关注算法规则的物理实现，也就是说，"相应的物理结构可以实现算法所定义的表征状态，并且可以在神经系统找到相应算法的机制"。[①] 但是其层次应用范畴很窄，因为它不能让我们感知他人的行为动机。这个模式不能告知我们对看过东西如何产生记忆，感知识别如何发挥效力。可见，单独的视觉认知体系不足以解决所有心智问题，而是既存在开放的可以包容许多问题的高层次认知进程，也存在可以快速解决特定问题的低层次认知进程，前者是非模块化系统，后者是模块化系统。

---

① Bermúdez, J.L.. Philosophy of Psychology: A Contemporary Introduction [M]. New York: Routledge Press, 2005, 20.

自主心灵观点认为命题态度有其特定的解释范畴，理解心理现象或行为的方式是一种偏向于揭示了什么、更接近于什么或应该是什么此类的解释形式，这种解释不同于通过表示现象或行为与特定实例一致来解释事物的方式。通过上述阐述，我们知道常识心理学存在不可还原的规范维度，这一直充当理性行为的根本因果角色。另外，在其他心理学解释路径中找不到与之维度相对应的存在。常识心理学的不可通约性源自解释具有标准性特点，我们解释或预测他人行为正是基于一个假设，即其他人是理性代理，拥有共同的信念、期望等命题态度。这存在一个关键问题，即当客观行为成为主观性心智的观察对象时，行为的意向性状态是如何被观察者观察到的呢？

但是，蒯因（Quine）曾经讲过"科学是常识的继续"[①]。常识心理学与科学心理学概念范畴并不矛盾，科学家如常人一般需要对发生的现象寻找原因、给出判断和得出结论，整个逻辑过程和日常语言没有实质区别，这是一脉相承的结果。因此，还有三种心灵观点对此提出更为积极的解释思路，功能心灵观点和表征心灵观点提出由上而下的解释方式试图构建常识心理学的特征。神经计算心灵观点提供了一个协同进化的研究项目，由上而下同时由下而上。从心理学历史发展角度看，常识心理学并没有和其他学科形成泾渭分明的分割，但是相同概念上的冲突和常识心理学范畴的争议是困扰学科通约路上的障碍。

2.1.3 心理学范畴的"心—心"问题

基于对心灵研究的需要，心灵哲学依据研究对象的层次分为个人层次与亚人层次。许多哲学家、心理学家和认知科学家认为研究心灵就如研究视觉

---

① 〔美〕威拉德·蒯因，江天骥译. 从逻辑的观点看 [M]. 上海：上海译文出版社，1987，42.

系统一般，需要不同等级层次的不同原则，这些原则结合形成类似金字塔形的心灵概念。个人层次属于解释等级中的顶层，将心灵视作整体来研究，通过其他心智现象来解释心智现象和预测行为发生。要判定一个心智活动是否是个人层次，有三个特征：对意识的易得、认知渗透和推理集合，只要任何个体的心智状态被证明符合此三个特征之一，便可以将其列为个人层次领域。然而有些类型的个体状态不具有这些特征，例如，精神治疗和语言掌握这些领域，它们可表现状态看似和意识无关，但皆属于典型的个人层次现象。另外，精神幻觉作为个人层次心理状态也不具有认知可渗透性。

日常生活中自然语言的交流，语言意义的彼此理解符合个人层次的认知活动。作为交流基础的常识心理学在个人层次中别具一格，研究自然语言的意义，强调命题态度的合理性、连贯性和一致性，这种标准化的意向性解释具有其他层次描述性解释所没有的特征。

亚人层次心理的意向性是不同学科领域研究对象，在认知科学和认知神经科学领域中，对意向性的心理表征方式也大相径庭。自然语言的意义根源于心理学意向性，而意向性又根源于心理表征的语义性。个人层次和亚人层次的差别以及不同学科表征方式的本质差别，决定了心理学范畴内学科的差异性。然而，单就意向性而言，基于第三人称角度的描述性解释就不如基于第一人称视角的常识心理学解释更合理。可见为了研究的需要，这种学科层面的融合成了一个棘手问题，于是有了"心—心"问题。

心理学范畴的"心—心"问题放在科学层面与常识心理学层面，就是学科的兼容问题。首先澄清"心—心"问题不同于笛卡尔提出的"心—身"问题，"心—身"问题主要关注心理事件与外部事件是什么关系，是一个形而上学问题，而这里的"心—心"问题关注的是在主体物理身体基础上实现心理状态方式之间如何统一。这也是本书的核心问题，从哲学的概念分析上，探讨方式融合的可行性路径。前者的解答只能为后者提供本体论的语境，但不能化解不同研究视角下认识论的差异。这两个问题彼此独立，互相没有太大的影响。

"心—心"问题也是心理学学科目前发展面临的必然问题，自从心理学从哲学领域脱颖而出，其身上带有各种不同学科和技术的身影，而且其研究对象的特殊性致使心理学不可以从学科发展核心问题出发来推动研究，只能利用现下可使用的技术手段对部分问题各个击破，造成了当下各自为营的现状。简单来说，"心—心"问题表现在三个方面：（1）科学心理学、认知科学和认知神经科学之间没有形成一个中心，可以统称心理学公认的范例。尽管每个学科在自己的研究领域都搞得风生水起，但是没有心理学研究基础学科的确立，心理学就难以统一，就像物理学是以力学为核心的，其他的电学和磁力学都以力学为基础。无论当下人工智能所代表的是信息加工模型的发展还是神经科学的进步，都还不足以解释所有的心智现象。（2）没有一个心理学理论可以适用于所有心理现象。一个理论只适应解决一类问题，每种理论应用范畴很是狭窄，做不到像波动说一般可以解释光、电、磁力和声音，统一的理论范式还是很有必要的。（3）心理学中的概念不是原创的。哲学家笛卡尔的二元论产生了心、身的二分法，巴甫洛夫条件反射理论产生了心理学中行为主义，科学解释中的目的论语言产生了心理学意识的意向性概念，心理学不断借用其他学科的概念，并且仍将继续下去。然而，"心—心"问题的解答离不开统一的概念，只有先厘清常识心理学本身的术语概念和应用范畴，才可以有针对性地解决"心—心"问题。毕竟常识心理学是目前人际交往认知关系的主导工具。从本体论视角看，心理学解释的衔接问题正是源自心理学领域的"心—心"问题的不统一。

2.2　常识心理学解释的概述

常识心理学在方法论层面的客观实在性是毋庸置疑的，但在本体论上的哲学探讨一直是困扰常识心理学本体论存在的问题，也是进一步探讨心理学解释融合问题的立足点。常识心理学的本质和范畴的探讨是之后问题研究的必要前提条件。

解释心理现象的路径未必是心理现象产生的真正路径，对心理学解释不同层级之间的融合还是要服务于解释的理性，是基于心理学解释认识论的哲学探讨。对常识心理学解释阐明角度的不同，决定常识心理学解释的概念，会随着常识心理学解释与之下一层级学科解释之间关系概念的不同而不同。同时，个人层次的常识心理学与个人层次其他解释范例二者之"基础"类别的不同概念，决定着垂直解释中概念区分的理性。基于科学理论的哲学认识论基础，可以借鉴当下不同学科研究心智现象的方法，寻找融合常识心理学解释与其他解释的可行性范式。

2.2.1　常识心理学解释概念的本质及其机理

根据常识心理学在社会交际中所充当角色具有共同性，可知在常识心理学解释方式中存在不可化约的标准维度，同时低层次的解释方式是科学式描述性，不同于标准性的常识心理学解释。

首先，见字明意，"常识"是日常生活的经验所得，常识心理学自然是一种"前科学且常识的概念性范畴，所有正常社会化了的人在使用这一概念范畴，进而理解、预测、解释和操纵人或其他高等动物的行为。恰恰反映了我们对人的认知、情感和目的性行为的最基本理解"[①]。这是基于第一人称理解他人行为的最重要的认知方式。概括来说心理现象不外乎两大类，其中之一的命题态度就是常识心理学在日常生活中的表现形式，例如"王宝强相信他老婆是无辜的"。

其次，在日常生活中存在两种使用常识心理学概念框架范畴的机理，其一，常识心理学充当解释的特权层，特权概念是定性的，因为凭借常识心理学作为工具解释和预测行为，可以允许我们捕捉到思维与活动中的共性及模式，而这是亚人层次解释做不到的[②]。毋庸置疑这个特权的概念是事实。其二，常识心理学充当解释的支配层，支配概念是定量的，是指常识心理学确确实实可以帮助我们如何真正地解释或预测其他思维主体的行为，例如我们可以从他人的期望中预测他会做什么。当作为真实主体的我们，试着理解他人时不自觉地使用常识心理学的概念框架。这两种方式都可行，但不可能同时出现，当把常识心理学当作解释特权层次时，就不会诉诸支配的功能，反之亦然。在认知翻译他人行为过程中，常识心理学确实发挥支配作用。

戴维森和福多等人认可常识心理学解释特权层描述，是由其概念和泛化过程实现的。以常识心理学的特性描述为参考，挑选出可以实现命题态度的物理结构，找到符合因果关系的实现方式，比如计算符号的表征。但是，丘

---

① Churchland. P. M.. A Companion to the Philosophy of Mind [J]. Blackwell Reference, 1995, 9 (8), 1-4.

② Fodor, J.. Psychosemantics: The Problem of Meaning in the Philosophy of Mind [M]. Cambridge, MA: MIT Press, 1987, 108-109.

奇兰德却认为常识心理学的支配作用是暂时性的，随着神经科学对大脑认知的进步，神经科学解释将取代常识心理学解释的这一支配层次的作用。同时，史蒂芬·施蒂奇（Stephen Stich）也提出可以用纯粹的心灵是计算句法的方式来取代常识心理学解释的特权层次的作用，在计算句法观点中不存在语义的思考。

然而，有一个基本事实是，我们所有的社交互动都受常识心理学控制。那么常识心理学的概念框架是什么呢？戴维斯（Davies）和斯通（Stone）在《模仿的重新思考》一书中给出一个有关概念框架的标准假设："一个正常成年人有一个丰富的概念指令系统用于解释、预测和描述彼此的行为，并且可能在近亲物种成员中也有这套系统。一般情况下，我们成年人丰富的概念指令为'民众心理学'，对指令的应用就是'民众心理学实践'。这套概念指令主要包括信念和期望的概念，以及它们的近亲——意图、希望、恐惧等，这些统统称之为命题态度。"① 日常生活中，我们在命题态度基础上应用概念框架来认知行为。

在哲学领域，我们普遍认为常识心理学是广泛性解释，主张命题态度可以囊括个人层次的应用范畴，这包括对常识心理学概念清楚和含蓄的两种应用方式。哲学家将我们对行为的理解明确区分，既可以理解有意向性的、与信念和期望存在特定连接的举手行为，也可以理解条件反射或别人举起我的手行为。由上可知，命题态度就代表了常识心理学的意向性，是解决不同层次心理学解释路径融合的直接探讨对象。

再者，我们在使用常识心理学解释行为时，不是依照和命题态度一一对应方式进行，而是通过将常识心理学泛化的过程来实现解释效果。具体过程就是"在我们对自身心理状态以及行为的常识性解释中典型出现的解释因素

---

① Davies, M. K., Stone, T.. Mental Simulation: Evaluations and applications [M]. Oxford: Blackwell, 1995, 141(1), 1–5.

的一次通透细读，支撑起对大量的普遍数量条件性状态的'重构'过程，实现将作为前件的相关解释性因素与作为结果的相关待解释物的结合"。[①] 人们将行为归入因果解释泛化中来实现解释效果。

明晰常识心理学的一些概念有利于完全深入地展开有关心理学解释尝试性路径融合的探讨。

2.2.2　常识心理学解释的命题态度

常识心理学解释中的"命题态度"一词来自逻辑学，传承自英美心灵哲学的分析哲学，在词汇用法上既可以表示有意识经验的心理表征，还可以单表示意向性态度。在解释行为方面，心理学现象不外乎两大类，一是命题态度，二是包括躯体感觉、知觉、情感体验等在内的现象性经验，二者都有内容，前者是概念性、命题性内容，后者经验的内容是非概念的，表现为当下生动、直接的体验。[②] 这个词在这两种用法之间可以互换，代表的意思自然不同，前者可以通过具体的命题形式表达内容，后者仅仅指向一种态度类型。

一个命题态度一般是指凭借语句形式得以表达的命题被赋予一种态度类型，比如"信念""期望""意图""希望""预期"等。以下以"信念"作为代表，将其作为主要的思考对象。丹尼特曾说过：

社会学科中遍布有关信念的谈论，信念之所以展现出不同的面貌是因为其本身就是切实奇怪且令人困惑的现象，这导致了很多的争议。有时，要归属信念的做法是神秘的、危险的且无法准确评估的——特别是国外特殊的宗教迷信色彩参与其中，信念会变得引人注目。除了这些，当我们将信念赋予非人的动物、婴儿、计算机或机器时，或者当我们在社会上将信念赋予一个

---

①　Churchland P M.. Evaluating Our Self Conception [J]. Mind and Language, 1993, 8(2), 211–222.
②　宋荣. 当代心灵哲学中的命题态度及其内容 [J]. 哲学动态, 2010, 4, 98–103.

健康的成年人，但信念是矛盾甚至完全错误时，这也会导致争论和怀疑。^①

命题态度具体指称一个意义，这个意义包含了内在的意向性和心理表征，表现在命题态度形式上就是态度类型和命题。命题态度的内容则包含了有关状态的语义性，是一种心理内容或思维内容。例如，信念："相信明天出太阳"就是一个命题态度，其中"明天出太阳"是心理语句，也就是相信这个信念对应的内容。所以命题态度由三个维度构成，即人、态度和命题，态度在所有态度类型中随意替换，内容也可以由同一个人先是相信，之后再不相信，也可以由不同人在相同时间被持有，还可以被同一人在不同时间持有。因此，在意向性的语境下，心理内容和命题语义内容是一样的。

如果心理内容来自周围环境和外在对象，那就是关系属性，属于宽内容。相反，如果心理内容本质上是大脑和神经的属性，那就是非关系属性，属于窄内容。基于意向性的分析，相对于心理内容而言，命题态度也具有"宽"属性和"窄"属性之区分，心理状态之间本质上既有共性又有差异性，那么就具体命题态度而言，孰"宽"孰"窄"则是由命题态度的存在是否与外物条件有关而决定的。如果命题态度于持有者不以他物为条件而独自具有的属性，对之进行说明无须求助于外在的事物和属性，这样的命题态度就是"窄的"，反之则是"宽的"。^②

伴随认知神经科学发展，命题态度内容在大脑中的实现有不同观点，其中被大家普遍接受的观点是命题态度是大脑"合适的虚构"。但这种虚构绝不是简单地将态度归属为假，而是一种二阶的真存在，具有因果解释的效力，由特定的大脑状态所决定的。

对于命题态度在常识心理学解释中的定位，波缪兹指出："根据普遍共识，命题态度解释仅能应用于能够认知某些形式化思想的认知系统中。命题

---

① Dennett, D.. The intentional stance [M]. Cambridge MA: MIT Press, 1987, 30 (3), 169–172.
② 高新民，付东鹏. 意向性与人工智能 [M]. 北京：中国社会科学出版社，2014, 551.

态度解释假设认为生命体容易感受到其现有信念逻辑的结果，当然这并不意味着生命体应该相信所有一切结果，而是能够简单地超越现有的一些符合逻辑影响的信念。同时，生命体必须能够看到其所拥有命题态度之间的联系，使其信念和期望变得和谐。"[①]

在一定意义上常识心理学可以视作命题态度心理学，是解释以及预测他人行为的日常手段。命题态度是一个复杂系统，可以在不同哲学意义上充当不同角色，并且利用其描述性语言和本身特征来实现常识心理学解释的连贯性、一致性和合理性特征。

2.2.3 常识心理学解释的因果效力

探讨清楚常识心理学在日常生活解释中所发挥的因果效力很有必要，因为它还在科学心理学研究中发挥基础解释作用，甚至是科学的心理学（psychology of science）探讨科学迭代中库恩范式的重要依据。常识心理学具有足够预测行为和解释心智现象的能力，一般认为这种因果关系基于类法则而存在，通过对智能代理行为的泛化来达到解释和预测的目的，这承继于传统物理主义对因果关系的解释。除此之外，常识心理学还有三种类型的因果效力，依次是：因果效力的内在项（causally efficacious internal items）、不规则一元论（anomalous monism）、反设事实的意义指称（the counterfactual approach）。

（1）因果有效内在项

从心理学解释的有用性和准确性推导出因果有效内在项的存在，它对应

①   Bermúdez, J.L.. Philosophy of Psychology. A Contemporary Introduction [M]. New York: Routledge Press, 2005, 252.

着命题态度的态度类型，如信念和期望。为什么让心理学解释成为有用且准确的认知方式，原因是真值的判定与产生行为的命题态度的识别紧密相关。因此，我们需要因果有效的内在项。那么这些因果有效的内在项是如何正确地表示心理学解释的个人层次状态呢？在个人神经心理状态和个人心理学状态之间是否存在一种同一性关系呢？基于功能主义，这种个人层次和亚人层次心理状态之间的关系可能被理解为实现更好，相比于识别。①

一般来说，对行为的预测效果，意向性立场下命题态度解释力要明显好于基于物理性立场或设计立场的解释。这种意向性立场有助于预测行为，需要强调一下，这种行为预测与基于目的论将温度计当作意向性系统是不一样的，因为我们熟知温度计的工作原理，可以通过其工作原理，对其刻度变化行为不是预测而是知晓。

鉴于命题态度在心理学解释中的作用，丹尼特提出温和实在论，认为命题态度具有真值倾向，不同于工具主义的非实在观点。

对于福多而言，作为一个坚定的实在论者，认为信念等其他命题态度不可能是真实的，除非从常识心理学识别模式中被清晰识别。这种模式通过思维语言的纯粹形式，从合适的句法范畴不同视角加以区分，整个过程不涉及语义。就他而言，这种穿越常识心理学杂音的模式将会解释真实性，但一些隐藏进程会被各种源头杂音所掩盖或部分遮盖，这些源头杂音包括：处理错误、观察错误和其他阻碍。②在他看来，在亚人层次存在一个和高层真实存在的同构，具有真值可评价性，认为一个命题态度就是"与一个内容的表征有某种计算的关系。"③

这里要明确个人层次和亚人层次之间的关系，一是亚人层次多个原因可

---

①　Bermú dez, J.L.. Philosophy of Psychology: A Contemporary Introduction [M]. New York: Routledge Press, 2005, 136.

②　Dennett, D. C.. An instrumentalist theory [J]. Mind and Cognition Blackwell, 1990, 42.

③　Fodor, J. A.. The Language of Thought [M]. New York: Oxford University Press, 2008, 198.

能产生同一个高层次的模式，丹尼特将这个特性定义为，常识心理学的模式就是"一个理想命令的近似值"。二是自主论者认为，心理学解释通过将观察者的行为放入代理人的认知框架来发挥解释作用，我们会根据理性标准解释代理，将它视作标准条件的近似存在。丹尼特否认心理状态因果维度是副现象论，认为存在真实的模式满足因果现象。丹尼特曾说"如果一个人发现了一种预测行为模式，就可以说这个人依据事实本身发现了因果力量，这种特别的因果产生的后果可以接受标准经验方法的不同操作检测"。[①] 因果关系应该基于不同的相适应环境条件所产生的内容来定义，而不是独立于观察者而存在，这就阐明为何一个事件在不同的背景下会有不同的解释，所以在这里因果关系是一种经验关系而不是解释关系，但这也不是实用主义观点。然而，丹尼特自己也承认常识心理学解释中因果关系缘由的不确定性，往往一个事件可能拥有一系列不相容的原因。

（2）无律则一元论

无律则一元论是由戴维森提出的一种自主论观点，在解释概念和因果关系之间插入了楔子。用物理术语定义事件特征，而在心理事件之间不太可能是因果规则，事实是基于物理描述下心理事件之间这些因果规则的存在保存了因果性的类法则特征。因此如何将心理学解释中因果关系的类法则特质与心理状态之间不规则原则统一起来成为首需解决的问题。心理学解释和理解的对象依然是受合理性、连贯性和一致性的支配，我们只会基于对方是一致性且合理的人，才会给出一个行为解释。另外，支配心理学真实的原则及标准不作为支配物理事件的规则。戴维森认为在理性要求和做决定之间没有区别，一般是以理性原则，而不是以命令式来决定行为的心理解释。然而，这种理性在更多情形下表现为不确定性。

---

① Dennett, D. C.. An instrumentalist theory [J]. Mind and Cognition Blackwell, 1990, 43.

常识心理学的方法论范畴中，我们时常需要从共时性和历时性这两种角度对他人行为的倾向性作出解释，也就是说，我们可以在给定情境下假设代理人的选择倾向是什么。试想在餐厅点餐，菜单上有两种经过伪装的菜式 A 和菜式 B，这样伪装目的是防止代理人意识到相同的选择被提供了五次，五次的选择结果序列分别是 B、B、A、A、B。虽然选择结果揭示此人的选择并不稳定，但是他总是在菜式 A 和菜式 B 之间来回摇摆选择，这种反应表现选择行为的共时性。同时，从选择序列中我们了解到他对菜式 B 更加倾向，从这层意义讲也表现出选择行为的历时性。所以，当我们试着解释主体行为时，要从共时性和历时性两种方式来考虑其偏好，这样就能保证解释的一致性。但是如此，在解释选择中又多出共时性和历时性之间的抉择。

面对这个选择，我们没有任何信息内容可供依赖，如何更有效地在共时性和历时性之间做出选择，保证行为预测的理性呢？那就需要询问在这种摇摆选择之下是否存在潜藏的一个"真实"偏好。例如，相比菜式 B 菜式 A 偏辣，这时弄清楚主体的偏好是喜辣还是忌辣就很重要；或者通过反复多次的点餐，可以预判出主体的隐藏偏好。可见，预测此类行为很有必要去识别隐藏在下面的意向性态度，隐藏性命题态度的识别是预测行为的关键。

"当我们明白表面的不一致性会随着重复消退，我们倾向于将这种不一致性视作仅仅表面存在。当我们了解到选择的频率可以作为潜在一致性意向性的证据时，我们可以决定看起来不符合一致性的选择是错误的感知。……我的观点是只要我们熟知态度和信念的用法，肯定能在行为、信念和期望的模式中找到很高程度的理性以及一致性。"①这般情形的因果关系也可以实现命题态度心理学的因果效力。

（3）反设事实的意义指称

---

①　Davidson, D..Philosophy of Psychology [J]. London, Macmillan, 1980, 41–52.

　　一般认为，如果常识心理学解释是因果解释，那么常识心理学泛化必须是研究因果规则，这也是戴维森所提出类法则因果特质的基础。但是还有一种与心灵因果相反的观点，认为心理状态的特定组合因果性地解释了一个给定的行为，当且仅当心理状态组合缺失时导致行为才不会发生，并且即使在不同的背景及环境条件下，相同的心理状态组合仍会产生行为。结果是因果关系的存在依赖于条件状态的真值，这就是反设事实的因果关系判定。琳妮·鲁德尔·贝克（Lynne Rudder Baker）就反设事实提供了一个实际操作的清晰环节心理状态论述：

　　"一个人 S 是否具有一个特定的信念（以 'that—' 个体句式）是由 S 在不同环境中做什么、说什么、想什么以及他将会做什么、说什么、想什么所决定，比如 'S 将会做什么' 自身可以基于环境而得以意向性地详细描述。所以，'S 相信 that p' 这命题态度是否为真依赖于存在 S 的反设事实的真实。一个相关反设事实的前景应该包括 S 的看法（当然这不是指信念）。如果 S 是一门语言的说话者，那么相关的反设事实要关注他的语言和他的非语言行为。这些反设事实承担着揭示拥有信念和其他命题态度 '本质' 的重担。"[①] 这种观点和哲学中行为主义很相近，贝克将命题态度视作整体个人的属性，完全不涉及个人的大脑神经，更不会有思维语言句子的探讨，对常识心理学解释中因果维度进行了全面细致的说明。具体的因果关系说明方式就是，在同一个环境当中，第一类事件不发生，第二类事件也不发生，当第一类事件发生时，第二类事件也发生了，这就说明第一类事件和第二类事件之间存在因果维度。通过以上定义，很自然明白如果要断定命题 "河水正在结冰" 真值，必须依据 "河水结冰" 这一事实状态。事实状态是确定真值的断言者。对于反设事实陈述的真值确定除了事实状态，还有一种通过假设最相似的可能世

---

　　① Baker, L. R.. Explaining Attitudes: A Practical Approach to the Mind [J]. Reviewed by Jacobson, A J. Philosophy in Review, 2011, 15(6).

界来确定真值方式。以下通过具体例子详细分析两种方式的利弊。

第一种是通过事情在现实中实实在在发生的方式，可判定反设事实为真。前者可以做实验、摆事实、看真相，直观明了反映因果关系是否合理。这种现实例子中只有一个成分，就是掌控客观对象行为的规则，如果现实中一个反设事实经过事实证明是真，那么这个命题态度便为真，命题中存在因果关系。比如，一个命题陈述"河水正在结冰"，这个命题的反设事实论述为"如果天气不降温，河水就不会结冰"和"河水正在结冰，正是因为天气降温"，而这种现象不关乎哪里的河水或多宽的河水这些外界条件。现实世界中能成为这个反设事实条件真值基础的备选项只能是支配"河水结冰（动作）"的法则。因为在"河水结冰"和"河水温度降到冰点"这两个事实之间存在类似法则的连接，所以如果天气不降温，那么河水就不会结冰。除此之外还有很多法则支配河水的行为，如气候寒冷和液体行为等相关法则。凭借将反设事实的真值确定作为法则的后果之一，我们也可以找到理解真值的途径。所以归根结底，支配河水的一系列规则使解释可行，而不是反设事实的状态。

第二种是一种假设，假设一个人会基于一致关系来思考反设事实的真值确定。后者需要假设可能世界的概念，反设事实由可能世界的事情状态来判定真的关系，这个世界是现实世界的相配类似物。只有在最相似的可能世界中被证明前件是真，才能说这个反设事实条件为真，再进一步说后果亦是真，这是其中逻辑关系。比如在可能世界中"滑冰场"由人工制冰方式令"河水结冰"，这样可能世界中的命题态度"他期望制造冰场，所以降低河水温度"是真的，故而反设事实的状态也确定为真，这样的一致决定了命题态度具有因果解释力。但是，这里存在一个难以避免的问题，就是可能世界的概念到底是什么呢？

基于上述探讨，要想理解这些反设事实的真值确定，自然而然会诉诸因果法则措辞。丹尼特认为常识心理学解释作为因果解释的一种形式，通过识别行为和意向系统（代理人）的真实模式来实现命题态度的因果效力；福多坚持心理状态中存在因果有效内在项，对应决定命题态度的因果效力；戴维森主张基于心理学术语，将命题态度的因果效力归因于内在隐藏的态度项；最后一种是基于反设事实状态的真值确定，并得出与之一致的心理学解释的因果效力。

在这一部分我们详细探讨了对传统类法则因果关系以挑战的其他因果关系方式。这些因果关系的不同解释也强有力地拒绝了衔接问题取消的可能性。尤其不同心灵观点对常识心理学因果解释力的不同诠释，为解决衔接问题提供了不同的哲学视觉和分析路径。基于命题态度在常识心理解释中的核心地位，由于不同因果关系所对应的科学实践方式也不尽相同，从而构建起连接科学成就和常识心理学解释之间哲学性融合的可行性桥梁。

2.2.4　常识心理学的三种读心理论

读心能力也称为民间心理认知、心理力或心理化理论，其主要观点是：在对目标心理状态进行预测时，我们会试图在我们的心灵中模拟或再现他们相同的心理状态或成果，[①]设身处地观察我们的信念、感觉和行动。读心理论的探讨源自科学家发现黑猩猩表现出与人类一般的读心现象，因此这类行为预测现象的心理状态归因成为探讨读心理论的核心问题。面对我们如何能够读懂他人和自己的问题，主要分为三种理论，分别是理论论、模块论）和模拟论。

"理论论"中的"理论"源自功能主义的概念，是指常识心理学众多知识的合集，之所以被称为"理论"，是因为常识功能主义认为，我们心理状态的

---

① 〔加〕保罗·撒加德，王姝彦译．心理学和认知科学哲学 [M]．北京：北京师范大学出版社，2015，319－320．

形成来自整个认知过程，从功能主义角度看，就是状态、环境、行为及其他因素共同形成的状态。可以说，心理状态是通过参考其在常识心理学解释中所充当的因果功能而被理解。所以，常识心理学知识合集就像其他物理领域的原子一般，是一种"理论的"存在，是其他心理学解释和行为预测的基础。这个理论与各种心理学解释、认知结构理论和谐共处，并且不存在第一人称和第三人称之间的辩证冲突，可以对自我主观性现象进行解释。

模块论是对常识心理学解释的另一个概念框架，认为是先天模块发挥作用解释心理状态。作为理论论的一个特别类型，被肖伦（Scholl）和莱斯利（Leslie）称为心理机制理论[①]，因为这个理论将行为和心理现象视作先天机制下的后果，具有一定意义的还原主义色彩。

模拟论出发点就与前两者不同，不认为需要大量常识性知识的储备。模拟过程强调读心者具有构建假设和模拟现象的能力，可以将对方的心智状态通过模拟来加工。前面两种观点是知识驱动，模拟论是过程演示的加工。

20世纪80年代模拟论由哲学家简·希尔和罗伯特·戈登正式提出，指出读心在很大程度上是模拟而非心理理论。通过将自己想象成他人的方式设身处地去感觉他人行为，或者被视为对他人心理状态的自动匹配或复制。[②]当然，随着科学心理学等学科的发展，我们有充分理由认为理论论和模拟论在解释心理现象上共同发挥作用，可能在当下情形是一种理论发挥解释效力，平常状态时模拟目标的系统是离线的，一般受到限制。神经科学发展的新发现镜像神经元便是模拟论的忠实支持者。

---

① Scholl, B. J., Leslie, A. M.. Mind and Language [M]. Cambridge: Cambridge University Press, 1999, 2.

② 〔加〕保罗·撒加德，王姝彦译. 心理学和认知科学哲学 [M]. 北京：北京师范大学出版社，2015, 325.

2.2.5 常识心理学的合理性地位

目前与我们起初所想的不同，一类观点认为常识心理学是重要的心理学状态，其中一些是出于对认知结构和思维结构的考虑，另一些则是出于计算复杂性的考虑。下面围绕常识心理学的合理性地位展开探讨。

对于常识心理学合理性的讨论从绝大多数的社会互动中就能看到，几乎都涉及他人的行为之所以能瞬时实施源自常识心理学的调整。无论是根据"模拟论"还是"理论论"来理解常识心理学解释，它都是一项复杂不易解决的对象。将信念和欲望归为属性，然后从这些信念和欲望向后工作到解释或转发到预测，都不是一件容易的事情。其中，"理论论"尝试运用常识心理学解释，将可观察的行为和话语纳入可观察的行为与心理状态、心理状态与其他心理状态或心理状态与行为彼此联系中来。无论哪种原则都有一定的合理性及不足，只有当我们确定在特定情况下，能够在一系列可能适用的原则找到最适用的原则时，我们才能利用这种模式来解释现象。因此，第一需要以匹配到最适用原则的背景条件为前提，第二需要仔细考虑人们选择此适用原则时传达出的含义或深层次内容，以方便我们做出合理推断，以作出恰如其分的解释或预测。这就使研究常识心理学工作变得复杂困难。

哲学范畴视野下通常假设常识心理解释是一对一的活动。比如，因为夫妻之间情感不和，妻子尝试通过各种迹象破译丈夫的想法，或者公司里面下属通过汇集各类线索，寄希望掌握领导的委任提拔。但是，在现实世界里充满了各种不确定性因素，导致无法形成所谓的一对一的活动背景，往往会有很多个体参与整个活动构成社会交往的复杂背景，其中任何一个人的行为都与其他人的行为密不可分。假设这些协调社会关系事例中所涉及的社会理解要依靠常识性心理术语来建模，那么这就需要每位参与者根据他们想要达到的目标以及他们对背景看法的评估，对其他参与者的可能行为进行预测。很显然就每位参与者而言，环境中最相关的部分是其他参与者，凸显了主体间关系的重要性。结果就是，我对另一个参与者行为的预测要取决于我对他相信其他参与者会做什么的信念，而另一个参与者对其他参与者行为的信念反过来又取决于他相信其他参与者所持有的信念。不断循环往复，导致在随后的追溯的过程中会出现多层信念，然后共同形成一套稳定的信念。人们能够有效地参与协调活动的常识心理识别过程是十分繁复且冗长的，在计算上也变得十分困难。特别需要提到的是，博弈论作为一种社会协调和战略互动的理论，它以概率和权重分配为准，依靠常识心理中信仰和欲望等命题态度作类比来进行对他人的判断。

但是理论论也有相应的未知问题潜伏着，正如简·希尔（Jane Heal）所认为，理论论观点持有者遇到了类似于计算机科学中框架问题。框架问题本质上是在一个信念引导下发生多层次演绎后还能否确定在某种情形下哪些可以归为框架内相关问题。具体说明为什么某些心理因素在某些情况下会被认为是相关的，而在另一些情况下则不会被认为是相关的，如何改变一种鉴定区分的依据，以及如何被认为具有相关性的因素，并且可以随着个人心理的决定方面而发生系统变化，这些都是理论论框架问题的考量范围。众所周知，相关性理论的判定注定要比任何其他假设的隐性理论更加复杂和难以揣摩。可见，从理论论角度为常识心理学寻找可行性架构存在种种困难。

那么，从模拟论角度入手是不是会好一点呢？模拟只是使用自己的头脑作为互动中其他参与者头脑的模型，而不必假设存在一个隐性已知的相关理论作为前提。但是，人们仍然需要为所有其他参与者插入一组适当的输入，然后对所有参与者进行同步模拟。首先，实际上可以有多少模拟能同步运行？目前人们可能会认为多个模拟同时运行的想法比较不切实际，模拟应该通过离线方式运行自己的决策过程，从而为一组适当的输入提供一个输出。此外，需要考虑的一个问题是正在运行的模拟能否做到相互独立，互不干扰。

假设在一个互动背景中，包括了甲乙丙丁共计四个人。甲为了理解乙，需要模拟乙，还需要有对丙和丁将做什么的信念。要想合理理解乙，首先要有解释或预测丙和丁将做什么的信息，而这取决于他们每个人都有关于其他参与者将做什么的信念。其中不仅有同时模拟，而且还是相互依存的同时模拟。可见，如果采用常识心理学领域的广义解释，模拟论与理论论一样必然会面临很多是否可运算的问题。

现在让我们来谈谈对常识心理学领域的广义解释持怀疑态度的第二个一般理由。要知道，常识心理推理是一种元陈述思维范式，其中元陈述思维包括对思想自身的思考，以思想为思维对象，将其归因于其他主体，评价主体间思想的推理联系等。有人认为，元陈述思维在某种意义上是语言依赖的。例如，人们可能会认为，思想必须有有意识和反思性的工具，才能在元陈述思维中发挥作用，唯一可能的工具就是语言。如果语言依赖的论点是正确的，那么根据目前最好的认知考古学理论，许多参与社会协调的认知技能很可能在元陈述思维能力之前就出现了，因此在常识心理学解释之前可能就出现了。特别是早期的人类社会，当他们尚未创造拥有语言时，却依然能够做出一系列令人印象深刻的集体社会性行为、理解社会群体内的社会关系、进行非常复杂的社会协调以及培训传授工具制造技术。所有这些形式的社会协调都需要高度的社会理解，那语言习得还很重要吗？

所以合理地说，这些常识心理学的某种认知结构确实存在，并继续在我们的实际社会生活中发挥着重要作用，但不应该是所有的社会活动都囊括其中。我们目前拥有的许多社会认知能力也许早在元陈述和常识心理学出现之前就已经存在了。

2.3　衔接问题的概述

衔接问题的哲学分析是对心理学解释在方法论层面的核心问题的解答，是心理学能否一统概念的前提，更是其他科学认识论研究的必要基础。

2.3.1　水平解释和垂直解释的划分依据

通过将心灵区分为个人层次和亚人层次，有助于在心灵的等级关系中寻找常识心理学与其他学科心理学之间连结点，其实区分个人层次与亚人层次心理状态最好的办法是识别这些状态在解释中所扮演的角色。在共同的解释对象中构建常识心理学解释与其他解释的关系，但是对命题态度的实现问题阻止了两个层次解释的合并。根据心灵研究的个人层次与亚人层次的分类方式，相应地，我们也将心理学解释分层，分为水平解释和垂直解释。这种分层的依据是一个现象可以由两种不同的解释视角给予解读，比如上文提及铁锤打砸玻璃的事例，既可以依照正常的生活经验给出解释：铁锤挥动达到一定速度所以玻璃破碎；也可以在化学范畴给出解释：玻璃和铁锤的分子结构找到原因，前者分子间连接键偏弱导致结构易破裂的特性，后者紧密的铁离子键决定结构的硬度高。这两种解释都合理，从本质和属性关系意义上讲，化学范畴解释的对象为分子键，可被认为是生活经验解释的理由，前者是垂直解释，后者便是水平解释。

心理学领域水平研究包括社会心理学等，将人视作整体来研究，垂直研究包括认知神经心理学等，将人的大脑等部分作为研究对象。常识心理学解释通过泛化方式利用其他事件解释某个特定事件，这种单一性和时效性特征符合水平解释的特点，因此常识心理学解释是水平解释。往往存在特定的基础规则可支持水平解释，为其解释理性提供基础，探究这个基础的过程就是垂直解释的过程。因此，心理学中 why 问题的回答永远同时存在水平和垂直两个维度的解释。要知道，"不同水平解释类型所要求的不同类别基础概念，会在垂直解释中生成不同概念。……不同垂直解释概念往往是附属于解释不同等级层次间的不同关系概念"①。常识心理学也是水平解释层面其中的一个范式。在哲学认识论领域，针对心智现象的解释及理解目的，存在不同范式下解释层级间融合问题的理性假设。

除了常识心理学，那么心理学的水平解释层面还有没有其他解释形式呢？这些水平解释会不会涉及常识心理学命题态度呢？存不存在垂直解释层面找到对应理由的可能？下面详细地分析其他水平解释本质。

2.3.2 水平解释之模板匹配

探讨这个问题首先要隶属于命题态度心理学的概念框架内。哲学领域普遍持有广泛性解释的命题态度观，因为广泛性解释的命题态度和个人层次是同等范围，而且常识心理学泛化可以满足大多数解释情绪。但在用常识心理学理解一些生活场景中，有时在内隐句法理解和内隐常识心理学理解之间存在明显

---

① Bermúdez, J.L.. Philosophy of Psychology: A Contemporary Introduction [M]. New York: Routledge Press, 2005, 33.

的不可类比性，但不影响我们对这些情形的理解，对此我们将之称为模板匹配。福多给出定义，认为"模板匹配具有特定的特征性质，它们具有特定范畴，仅仅应用于相关受限范围的情形（强制的应用），而且它们不受其他类型认知进程（信息包装）的影响"[①]。模板匹配也属于水平解释，包括社交活动中情绪感知和针锋相对启发式等。

（1）情绪感知

事实上，社交活动中包括"情感调和"，这种交际类型不涉及常识心理学。[②] 一般认为人们的情绪状态可以做出模拟的直接输入，不需要清晰识别这些状态，行动是基于情感和情绪的感知。情绪分为还原和非还原两种，还原就是将情绪还原为感受，是由客观实在的环境决定的。非还原的情绪理论认为情绪是独立的存在，斯宾诺莎在情绪独立基础上提出基本情绪的概念，就是痛苦和快乐。但是，这种化约形式与命题态度由信念和期望基础心智态度组成的认识方式一样，经过无限化约，最终只能落入不可知论。对于情绪自立的论证，威廉·詹姆斯和卡尔·兰格（Carl lange）提出内省，认为通过想象痛苦同时屏蔽身体的不适来验证情绪自成一类的观点，强调情绪必须与感受挂钩。但是达玛西奥（Damasio）对这一假设提出了异议，认为情绪可以是无意识的。无意识状态的痛苦是一种持续发挥疼痛的状态，却没有相对的感觉，这时也不能否定疼痛的存在，可见情绪一般是无意识的。只有当我们具有"身体感到痛苦"这个想法时，这种情绪才是有意识的。罗森塔尔提出了一种高阶思想理论："只有当我们对一些心理状态形成想法时，心理状态才会成为有意识的存在。"[③] 由此可知，情绪与意识不存在必然联系，自然不具有意向性这个主观特征。

---

① Fodor, J. A.. The Modularity of Mind [M]. Cambridge: MIT Press, 1983, 43–44.
② Tern, D. N.. The Interpersonal World of the Infant [M]. New York: Basic Books, 1985, 199.
③ Rosenthal, D. M.. The independence of consciousness and sensory quality [M]. CA: Ridge View Publishing Company. 1991. 1, 16–36.

　　当然，另外有些哲学家否认"情绪"的客观实在性，认为这个术语不是自然的产物。他们认为情绪不是一个有效用的概念，而采用一种取消主义态度。对此，格里菲斯（Griffiths）给出了相应的论证，将情绪分为两类，最高级的是人类专有的高级认知情绪，是人类社会集体倾向性的建构产物，是与文化环境相适应的结果，吻合进化认识论的观点，具有高度的文化特异性。另一类是模块式的情绪反应，称为情感程式，或者是情感协调，[①] 人类社会通用的感知情绪的模式，包括六种情绪：生气、恐惧、喜悦、惊愕、厌恶和悲伤。但是不管情绪感知是哪种模式，都不涉及命题态度，那么基于情绪发生机制认识论分析，情绪可以由生理机制来解释，在垂直解释层面找到对应的实现理由。

　　（2）针锋相对启发式

　　针锋相对启发式来自阿克塞洛德（Axelrod）的一个很有名的实验，他利用计算机模拟了一个不知道对阵次数的"囚徒困境"博弈序列：

表 2.1

囚徒 A 囚徒 B	背叛	保持沉默
背叛	5 年，5 年	0 年，10 年
保持沉默	10 年，0 年	2 年，2 年

　　这个博弈设计是：如果一个案件涉及两个嫌疑人，囚徒 A 和囚徒 B 有两个选择，背叛或保持沉默。假如对手背叛自己，自己可以选择背叛，各得 5 年服刑期，自己选择沉默，得 10 年服刑期，对方 0 年，反之亦然；假如对手选择沉默，我也选择沉默，各得 2 年服刑期。

　　在我们社会生活中也会遇到囚徒困境这类情形，一般情况下通过意识的分析和思考再做判定，而且这种与他人的互动次数不定，可能会重复很多次。

---

　　① 　Stern, D. N.. The Interpersonal World of the Infant [M]. New York: Basic Books, 1985, 31–33.

面对此类情形，人们偏向于对对手的行为作出复杂的预测，基于个体的喜好，倾向或者信念等。如此对于个体实施行为之前，基于系统性期望和信念的可能性分配工作之后，这当然也可以作为其常识心理学解释框架内一次应用，可被用于探讨决定论和常识心理学之间的关系。① 但是，阿克塞洛德实验证明针锋相对启发法是表现最好的对抗策略，它为社会互动提供了一个简易的策略用于帮助决定下一步行动。这个针锋相对启发式策略告诉人们基于对手过去的行为而行为就是最佳行为决定，遵循两个规则：①第一轮交锋总是善意合作的态度；②下一轮交锋你如法炮制上一轮你对手的做法。

　　这是一种非常简单实用的行为策略，不需要涉及常识心理学的意向状态。另外，它也是拥有实在解释效力的一个解释工具，对诸如利他主义的进化学突现这一现象具有潜在有力的解释效果②。

　　社交活动的一些场景不需要专门的常识心理学意向状态的参与，这些场景对我们而言非常熟悉，可以自动不费力地理解他们的行为，比如在餐厅点餐的时候，服务员拿着菜单走过来，我自然而然会去伸手拿过来点餐，这个行为过程需要命题态度的信念判断吗？并不需要。社会角色的简单识别为这种情形提供了足够的"杠杆效力"去预测别人的行为，对其他参与者的意向状态的理解是不需要常识心理学参与的。这种社交活动在社交角色被识别的一刹那就会发生，可见在常规的社交活动中，这样的解释和预测不需要常识心理学状态的参与。

　　这种行为的解释通常立足于此行为是一种社会行为网络中的特定形式，对服务人员行为的理解也出于我们社会实践的积累。社会经验将特定的行为线索和行为联系在一起，形成一种固定的解释模式。这种联系有时是基于脚本一类的场景，有时是基于对他人在此场景下反应的监视，因为他们的行为

---

　　① Pettit, P.. Foundations of Decision Theory [M]. Oxford, Blackwell, reprinted by Oxford University Press, 2002, 123.

　　② Axelrod, R.. The Evolution of Cooperation [J]. Harmondsworth, Penguin, 1984, 44.

往往出于如我们自身所期望的缘由。这些社会活动间的理解涉及一个人对社会惯例、常规的了解，通过部分相似性的类比，社会理解就变成了一个将认知情形与已有社会原型匹配的过程，我们拥有匹配特定类型情形的一般样板，根据应对细节不同而不断调节参数。①

通过上述分析，我们发现针锋相对启发式的社交模式也不涉及常识心理学的命题态度，不具有主观意向性特征，它只是一种博弈策略，完全不需要感知对手的信念和期望等命题态度就可以直接做出行为。这种水平解释可以在博弈策略的统计学中找到垂直解释的理由。

当社会世界以"触手可及"的方式存在时，我们只需要借助情感感知、针锋相对启发式或社会惯例的认知手段，而不需诉诸常识心理学的方式，因为这类解释行为的方式是自动且不费力气的，非常有利于个体快速解决问题并且减少精力消耗，从进化认识论角度看是很合理的存在。事实上，在日常生活的协调活动中，我们不需要常识心理学费力地引导调整自己如何和其他人要求相匹配，便可以正常地参与社会活动。甚至许多社会行为不需要注意力的参与，是一种无意识的状态。比如，将不同命题内容呈现在科学心理学传统研究者面前，通过个体对不同命题理解时的反应时间和生理状况的差别，他们将人的认知系统分为两类。自动化、非常快速、不费力的且不受自主控制的认知方式是系统一；需要注意力的参与，费力的心智活动，囊括复杂的计算认知方式是系统二，而且系统二的个体差异性更大，与个体的经验、选择习惯和专注力等主观经验有直接关系。②比如，一个简单实例，每个人回答1+1等于几，直接得2，如果问123×321等于几，这时答案不可能直接进入你的心智，只能放慢思路专注地费力地思考，对大脑形成一种负担。

当然，在一些社交互动情境中，当我们发现这类情境很难归类到已有的

---

① Berm ú dez, J.L.. Philosophy of Psychology: A Contemporary Introduction [M]. Routledge Press, 2005, 204-205.
② 〔美〕康纳曼，洪兰译 . 快思慢想 [M]. 台湾：远见天下文化出版社 , 2012, 39.

社会原型，也不能基于之前和其他参与者的互动策略来行为时，这时最佳的行为引导范式依然是元表征思考特质的常识心理学，不仅是我们社交理解的支柱，而且是当我们所有社交理解的机制和人际协调失效时的最后手段。[①]所以其他社交手段与常识心理学相辅相成，构成了理解社会的复杂社交能力。但是，在其他水平解释都有实现理由的情况下，常识心理学在垂直解释中何去何从，成了心理学解释层级间实现融合必须面对的问题。

2.3.3　常识心理学之下：垂直解释的科学背景

垂直解释的对象通常被认为是阐明水平解释中的理由。要区分垂直解释的概念必须回归到不同类型理由的概念，一般可以在低层次的解释中得以理解，所以其概念由不同层级中相关的概念组成，是水平解释创建合法性的科学基础。那么从常识心理学之下，我们可以找到什么类型的垂直联系呢？或者哪些垂直解释可以为常识心理学提供一条可还原的可能性路径呢？

2.3.3.1　科学心理学的研究内容

科学心理学对心理状态的研究一直延续科学实验的方法，之前的历史形态是科学心理学所列出的心理状态解释的不同路径，也是心理现象解释的方法论基础。以是否科学作为判定心理学研究的合理性。科学是心理学发展的主旨形态，所谓科学心理学便要不时借鉴自然科学的研究成果，采用纯粹客观的科学方法来达到所谓的心理学解释目的。探讨科学心理学最新发展的哲学基础有助于心理学不同解释领域的融合。

当下科学方法深受自然主义的影响，科学心理学也在尝试寻找生物适应

---

① 　Berm ú dez, J.L.. Philosophy of Psychology: A Contemporary Introduction [M]. Routledge Press, 2005, 208.

与心理适应之间的关系。日内瓦学派的创始人皮亚杰（Piaget）基于自然科学的发展以及心理学发展史，提出意识是生命体适应环境的产物。他把生物物种的渐成论作为认知的建构基础理论，坚持认知功能与生物学认知结构存在一种同构，还将神经系统作为认知发展的基础。皮亚杰在 20 世纪 50 年代构建起发生认识论，这是日内瓦学派的认识论基础，直至 1980 年第 37 卷研究专辑的出版才意味着思想的完善。他强调从个体发展的角度研究认识的形成过程，认识起源于联系主客体的互动之中，互动的特点在于它是主客体的相互作用。他说："主客体是不可分的，也就是由于这个不可分的交互作用成了作为知识源泉的动作产生的原因。"①

　　个体的认知活动具有一定结构，概括起来是四个概念：图式、同化、顺应和平衡。图式是单个主体在与现实世界的不断交互中抽象而成的认知架构，成为了解、认知其他情境的模板，会随着认知能力不断地成长、适应和复杂化。同化与顺应是智慧主体可以认知外界的方法论，同化是将外部刺激纳入已有图式的一部分，顺应则是在不能同化的情况下改变图式的能力，这两个过程促使主体的认知能力不断提升。平衡便是主体对当下环境的适应状态，是一种暂时的平衡。只有个体成熟、物理环境的经验、社会环境的作用三者达成协调状态，才能真正把人的心智水平推向更高的层次。

　　现代科学心理学研究人类心智方面曾受两种方法论范式的影响。一种是实验—客观范式，主张模仿自然科学的方法研究人的心智；另一种是经验—主观范式，主张采取现象学的方法来研究心智现象，作为主观存在的本体论来探讨。在认知方面的一个实验就体现了主体的主观能动性和加工对象是以表征形式存在的。阅读下面一段话：

　　Aoccdring to a rscheearch at cmabrigde uinervitsy, it deosn't matter in what

---

① 〔美〕E.G. 波林，高觉敷译．实验心理学史 [M]．北京：商务印书馆，2011，437-438.

order the ltters in a word are, the only iprmoatnt thing is that the frist and lsat ltteer be at the rghit pclae. The rset can be a total mses and you can still raed it wouthit problem. Thsi is bcuseae the huamn mind deos not raed ervey lteter by istled, but the word as a wlohe.①

只需首位字母不变位置，就可以正常理解这段话的意思，说明内心的认知对象不是排序单词中的字母，而是属于个体的认知表征，并且在重新敲打这段文字时，表征会一直迫使你修正出正确的拼写形式。可见，信息的输入和输出依赖内部表征，表征的不是字母而是字母的排序关系。

当代心理学研究主张把实证主义心理学和现象学哲学结合起来，将客观的实验和主观的意识结合起来，更综合地利用多学科方法研究人的系统性及独特性问题。毫无疑问，科学心理学一直用科学实验来验证假设，研究对象直接是智能主体——人。

2.3.3.2 认知科学的研究内容

在 20 世纪 70 年代后期随着《认知期刊》的出版，诞生了一门新学科——认知科学，它集合了心理学、哲学、语言学、神经科学和人工智能方面的成就。认知科学在认知心理学的基础上发展而来，认知心理学形成于 50 年代到 70 年代，承继于心理学早期历史演变，直至 150 年前被公认为新型科学研究。之后，德国的心理学家通过内省法研究心智状态，但是威廉·詹姆斯对自我观察的随意性表示怀疑，同时约翰·华生也对心理操作理论提出了严厉的批评，主张心智状态通过外在行为加以解释，即行为主义自此诞生。在两大阵营的你争我夺交锋中，不断演变出新的学派，诸如构造主义心理学、机能主义心理学和完形主义心理学等，伴随着弗洛伊德的应用心理学的普及，又出

---

① 〔美〕葛詹尼加，周晓林译 . 认知神经科学 [M]. 北京：中国轻工业出版社，2013，96.

现了精神分析心理学和人本主义心理学。在繁冗复杂的心理学发展史背景下，英国心理学家唐纳德·布罗德本特（Donald Broadbent）着力于将人类功效研究中的思想与信息论领域所发展的新思想相结合。[①]更重要的是，伴随计算机科学的发展，计算机科学的大量概念被科学认知所利用，尤其人工智能的发展为分析人类的智能提供了类比对象。

认知心理学是狭义的认知科学，起初运用信息加工的观点认识人类的心智活动。其研究范畴包含了知觉、意向性、意识、记忆、思维和语言等领域。现代认知科学领域先驱们企图将心灵作为信息加工的过程来描述，将计算机作为心理机制的研究对象。基于图灵实验假说，纽厄尔（Newell）提出信息加工应该由感受器、反应器、记忆和处理器四个部分构成，记忆部分是外部事物的表征——符号结构，为了解人类内隐的心理状态打开一扇窗户。通过计算机模拟人的行为，结合计算机内部机制推出人类的认知机制。如果人类和计算机的输出是一致的，则说明它符合人的认知机制，进而揭示内部的心理活动规则。

心智信息加工的思想将注意力转移到人工智能领域，目的是提供一个类似人的整体理论，实现人类认知的三个基本特征：产生性、推理的连续性和系统性。纽厄尔和西蒙对人工智能的实现可行性发表了预言，认为"直觉、顿悟、学习不再属于人类独有，任意大型且高效的计算机都可以凭借编程实现这些能力"[②]。

开启通向人工智能之路的正是美国心理学界曾经发起的信息加工理论运动，其思想不仅仅影响人工智能和心理学研究，还深刻影响语言学的发展，设想着语言依照有效机制自动加工。20世纪50年代诺姆·乔姆斯基（Noam Chomsky）受此影响，尝试构建一个机制专门生成符合语法规则的自然语言

① 〔美〕约翰·安德森，秦裕林译. 认知心理学及其启示 [M]. 北京：人民邮电出版社，2012, 9.
② A. Newell, H. Simon. Huristic Problem Solving: The Next Advance in Operations Research [M]. Operations Research press, 1958, 6(1), 1—10.

句子。

认知科学方法论中最重要部分便是信息加工心理学的内容，归结起来分为六个方面。

第一，知觉一直是生命体获得信息的主要途径，促使认知科学家依据信息科学的成果对知觉作出新的探讨。知觉的形式是模式识别，有三种不同方式：模板匹配、原型匹配和特征分析。模板匹配强调记忆中的拷贝和相对刺激高度一致，可以做到一对一对照，这种知觉更多的是以直觉形式体现。原型匹配不强调一对一的关系，人在识别模式允许相应的刺激和原型直觉存在形状或大小差异，只要原型与之近似便可以确认出这个东西。特征分析是利用事物与记忆的特征之间的对应比较，该理论认为每一个知觉对象都是由不同的元素及特征所建构的，所有特征的多少和精确度决定着匹配成功率，而且模型之间的特征具有普遍共享性，这也就解释了人类为何具有分析大量模式的能力。这是建构主义的一种表现。

第二，注意模型的研究是感觉登记信息的重要方式。注意模型具有特定的程式，一类是以过滤理论为依据的模式，另一类是以容量理论为依据的模式。

第三，记忆加工研究是认知科学的重中之重，被认为是信息编码、储存和检索的三合一过程，存在长时记忆与短时记忆的区分。这个观点最早由沃夫和诺尔曼（Waugh&Norman）两人提出，并在 1959 年被美国心理学家彼德森夫妇通过实验所证明。之后，阿特金森与希夫林（Atkinson&Shiffrin）又提出感觉记忆，同时将记忆系统分为感觉记忆、短时记忆和长时记忆，三种记忆共享一种结构。到了 20 世纪 70 年代，长时记忆又被分为两种，分别是情景记忆和语义记忆。

第四，心象是认知科学提出的新认知方式，个体内心是动态加工，不是简单的静止信息。心象指内部表征的功能性关系，与外部事物的结构关系相匹配，这两种关系是同构关系。比如库柏与谢帕德（Cooper&Shepard）所做的心理旋转实验，其中的立体旋转动作为一种关系在内部心理活动中有心象对应，这也是对心象客观存在的证明。

第五，思考是指基于概念形成概念的过程，一直是认知心理学研究的难点。他们认为概念形成是对外界刺激表征的概括过程，需要智慧主体发挥主动性，构建不同的假设加以验证是否匹配，符合外界事物特征定义的假设便成为概念。概念结构有两种理论，一种是特征列表理论，可在人工智能领域运用。另一种是原型理论，认为概念形成是以最快成型的实例来表征，这是一种意向性选择过程。思考过程体现了人类的主动性、意向性和创造性。

第六，语言可以说是人类特有的心理活动表现形式，由后天学习所得，离不开发展心理学和社会心理学的研究。认知科学领域主要通过研究儿童获悉语言能力的实验来推展语言研究。

认知科学对信息处理方式的研究，尤其针对计算主义的研究，促使心理学界关注，心理学是从第三人称角度借鉴观察的方法来研究心理状态的学科，将信息载体作为研究的对象。但是简单的功能性类比具有局限性，不能表现人类所具有的主体能力，缺乏主观性与感知特质。

2.3.3.3 认知神经科学的研究内容

广泛地讲，认知神经科学也属于当今认知科学的延伸部分，属于解释心理学的一条可行尝试。狭义地讲，认知神经科学从神经机制角度解释心理状态和行为，不同于通过外显表现的观察方式推展研究的科学心理学。认知神经科学是神经科学研究不断向认知科学靠拢的结果，因为"缺乏认知背景的分子生物学研究使得时髦的神经科学家对生物学问题的回答如同肾脏生理学家的回答一样，被受限制这样的研究使得神经科学不可能攻破心智研究的核心和整体性问题"[1]。

在神经系统中，神经细胞提供信息加工机制。在大脑不同的神经区域高度特异的神经细胞群相互连接形成神经环路，不同环路具有不同的功能，通过功能定位方式可以确定区域的特异性。

现代的认知神经科学通过科学心理学实验和认知科学分析得出一个假设，认为神经细胞存在不断代谢更替的过程，所以即使成人，其部分皮质区域也存在重新塑造的可能。昂格莱德（Ungerleider）通过 fMRI 测试碰触手指被试的运动皮质血流量，发现随着碰触准确性和速度的提升皮质神经细胞出现了重组。另外，美国国家健康实验室定藤规弘（Norihiro Sadato）在 1996 年利用 PET 测量成年失明者在进行触觉区分任务时发现其初级和次级视觉皮质细胞都活化了，而正常被试不存在这种情形，可见失明者的视觉皮质功能有所调整。

认知神经科学研究方法大致分为计算建模、动物实验、神经病学、多种实验手段的组合。

认知神经科学和认知科学当中心智状态的计算建模都基于模拟，利用计算机模拟加工过程，即人工智能。在认知科学领域，模拟的对象偏重于行为加工与感觉之间的关系，是一种外在物和反应物之间的关系。而认知神经科学关注的模拟对象是神经网络，反映内在反应物机制的关系，这属于计算神经观点。神经网络建模尝试构建隐藏单元以处理信息加工，并可以连接行为与感觉，即表征输出与输入之间的过程。通过改变模型相邻接点的联系强度，并对此作出一个定量分析。模型很擅长解决复杂的问题，包括感觉、记忆、语言和运动控制方面，对大脑神经系统的结构模拟帮助实现相对连续地激活

---

① 〔美〕葛詹尼加，周晓林译. 认知神经科学 [M]. 北京：中国轻工业出版社，2013, 1.

网络单元。神经网络模型被应用分析神经递质回收量与树突结构间的关系。[①]同时，神经建模是渐进式的损伤特性，移除一部分依然可以继续工作，这与人类大脑的损伤表现是一致的。这里要强调创建认知神经科学的目的：建模不是为了构建一个有完善认知功能的人工智能，而是为了研究人类记忆是如何工作的。

回顾医学和生物学发展历程，动物的神经实验早已有之。通过一些实验手段，达到记录神经电化学反应的目的，测量神经细胞的活动情况，达到破坏或暂时失活大脑区域的方式来操作神经活动。（1）单细胞记录，将微电极插入动物脑中，记录单细胞的变化，通过类比推定人类的相同脑部区域的作用，同时发现大脑中存在相对于外部世界维度的神经表征维度，也叫拓扑地形图。（2）脑损伤，通过损伤脑神经以改变动物的行为方式，可能会引起损伤结构对应功能的改变。（3）遗传控制手段，凭借修改与神经对应的遗传层次基因来培养特定动物，比如利用基因敲除程序创造特定脑区缺少特定结构的物种，以判定基因、遗传和认知三个层面的关联。

作为当代医学的一部分神经病理学研究方法，是对患有单一神经障碍或病变病人进行研究及观察，将病变位置的神经系统与功能相结合。利用计算机断层扫描（CT）、磁共振成像（MRI）、弥散张量成像（DTI）等技术手段可以找到卒中、肿瘤或年老性退化等神经疾病病灶区，有助于增补神经功能方面理论。

在不造成损伤和后遗症的前提下，为了以健康个体为研究对象，认知神经科学引入了许多新兴研究手段，分别有：利用磁脉冲短暂改变人脑区域功能反应的经颅磁刺激（TMS）；测量脑部区域内源性的电活动的脑电图（EEG）；可以根据外界事件特定发生时所表现的特别神经活动，展现与事件

---

① Volfovsky, N., Parnas, H., Segal, M., and Korkotian, E.. Geometry of dendritic spines affects calcium dynamics in hippocampal neurons: theory and expericments [J]. Journal of Neurophysiology, 1999, 82(1), 450-462.

相关神经区域的事件相关电位（ERP）；通过头皮的敏感磁力探测头检测大脑发出的磁信号的脑磁图（MEG）；还有检测示踪剂的正电子发射断层扫描（PET）和追踪脑血流变化的功能性磁共振成像（fMRI）。

这些手段被大量用于对知觉、语言和认知行为的研究，在此科学领域既受限于所观察的皮质层面，又伴随技术革新不断驱动前行，为研究人类心智与行为的关系假说不断提供佐证。

2.3.4 两种维度心理学解释的衔接问题

常识心理学是如此传统、经典和特殊，以致所有心智现象和行为预测的心理学科方面的研究，既要以常识心理学概念为基础，也要围绕常识心理学的核心概念、因果特性和本体论实在性构建共同的理论基础和方法平台。

除了常识心理学解释，还有其他水平解释方式没有涉及命题态度，不存在意向性的解释问题，与低层次的心理学解释在连接方法论层面不具有哲学概念上的融合困难。但是水平解释核心常识心理学和以科学方法论为基础的垂直解释之间还存在明显的区别。心灵是以完整个体人为载体而存在的整体对象，在各类心理学解释视阈下其心智对象必然是一样的，但是常识心理学作为日常生活社交手段，具有普世的标准性，在行为的理解和解释中具有因果性，在个体认知层次又具有第一人称的主观性。常识心理学解释在本体论意义上的实在性和独特性，给心理学解释等级间的融合带来一个难题，对水平解释常识心理学而言，作为其理由的合适垂直解释是什么？这是有关常识心理学与等级当中低层次解释相互衔接的问题。面对各种解释层次之间彼此割裂，没有相互交流的通道，各自围绕共同对象的研究成果却难以共通，尤其常识心理学与其他亚人层次解释之间更是相去甚远。故此，波缪兹（Bermúdez）将这个问题专称为衔接问题：

常识心理学解释如何与科学心理学、认知科学、认知神经科学以及解释等级中其他层次所提供的有关认知和心理操作的解释相互衔接起来？[1]

常识心理学解释属于心智现象解释金字塔的最高层，"众多哲学家、心理学家、认知科学家都认为我们需要在不同的结构层次上有不同的原则，从而可提供互补的解释，而不是导致其相互之间的竞争"[2]。但是如何与其他不同低层次解释连接起来呢？

在进一步探讨心理学解释的这一核心问题之前，我们需要先明确此问题不在传统"心—身"问题所在乎的本体论层面讨论，而要关注不同层次的解释彼此之间如何联系。其实，不同的解释层次代表了对同一心智现象的不同认识角度，解决衔接问题就是基于哲学方法论对心灵认识论内容的探讨。

---

[1]　Bermú dez, J.L.. Philosophy of Psychology: A Contemporary Introduction [M]. New York: Routledge Press, 2005, 28-35.

[2]　Bermú dez, J.L.. Philosophy of Psychology: A Contemporary Introduction [M]. New York: Routledge Press, 2005, 28-35.

2.4　小结

　　本章的主要目的是确立与心理学解释相关的概念及其范畴，从而厘清各种问题在哲学层面的探讨对象。此章分为三部分，第一部分从三个角度明确心理学解释问题的必然性，这种必然性源自常识心理学独特地位、不同学科心理现象解释之间的不可通约性以及"心—心"问题。第二部分从与常识心理学相关的四个方面加以探讨，以便为之后亚人层次心理学解释的实现做好准备。第三部分就是正式提出衔接问题，要明确的是衔接问题是心理学解释的核心问题，通过哲学层面的不断抽象化，可概述为个人层次常识心理学解释和亚人层次其他心理学解释的融合问题。

第三章

心理学解释衔接问题的解决方案及其困境

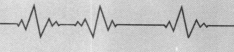

围绕个人层次心理学解释与亚人层次心理学解释之间衔接问题，基于四种不同的心灵认知观点，在哲学层面深入论述及分析四种视阈下如何将解释等级中顶层的常识心理学和垂直等级之低层次的科学心理、认知科学和认知神经科学等其他学科相互融合，希冀形成一个多层次互为基础的解释等级结构。

心灵的四种观点正好形成一个研究衔接问题的认识论范畴。其中一端是自主心理观点，另一端是计算神经心灵观点，中间依次是功能心灵观点和表征心灵观点。基于心灵哲学四种观点对常识心理学本体论的不同态度，我们可以在哲学层面探讨衔接问题存在的合理性，或者衔接问题在心理学解释方法论背景中得以解决的可行性方式。

3.1　自主心灵理论的解决方案

自主心理观点主张衔接问题是一个伪问题，因为从根本上而言，个人层次常识心理解释学和亚人层次各类学科解释之间具有不连续性，不可能在亚人层次找到符合常识心理学解释的操作基础，因为亚人层次不能满足个人层次解释的各种限制和标准。自主论者认为个人层次解释是独立的解释类型，不需要在亚人层次心理学解释中要求合法性和基础。自主论的探讨是围绕如何合理地定义常识心理学，还有常识心理学解释是否真的与科学心理学类型的解释之间存在不可通约性展开的。

著名的自主心灵论者有丹尼尔·丹尼特（Daniel Dennett）、唐纳德·戴维森（Donald Davidson）和詹妮弗·霍恩斯比（Jennifer Hornsby）等人。他们认为常识心理学解释的对象是实践活动，与有关社会的、行为的和神经的科学所研究对象之间存在本质区别。

3.1.1 丹尼特的"内容与结构一致性"

丹尼特在他 1969 年出版的《内容和意识》一书中首次提出"解释的个人层次与亚人层次"的概念，并对这两种类型的解释明确区分。他认为个人层次的意向性立场和亚人层次心理学解释的物理性立场之间不存在任何联系，在个体的活动与状态特征之间存在根本不同，从低层次的物理性立场到顶层的意向性立场之间不存在有意义的解释关系，因为无法在低层次心理学解释中找到普遍的意向性实现者，所以考虑一个人做什么不需求助于亚人层次的机制或操作。将个人层次的疼痛归于神经机制路径来确定个人层次疼痛的位置没有意义，因为现实生活不需要这样的解释。

有机体为了生存会有求生的本能，这种本能延续到具体形式包括对疼痛的刺激反馈系统及危害的躲避。这种本能促使有机体存活并避免伤害，甚至死亡的危险。依据丹尼特的观点，从肌肉电刺激引起收缩实验，到验证人体存在神经调节和激素调节两种赖以生存的控制机制，皆证明人体存在特定的反射网路，可以辅助个体在生活中避免伤害。比如，存在可以遗传且强有力的形成疼痛感觉和躲避行为的网络，而且个体的体验也在揭示疼痛反应无比真实、是不可否认的客观现象。真实的疼痛反应是强制性、非自愿性的现象，由外界的刺激、内在疼痛处理工程以及对外的输出行为组成整个"疼痛现象"网络，这种基本形式可以告知有机体危害预兆并提前对相应刺激作出反应。但疼痛究竟是整个网络的一种物理反应还是一种内在心理现象呢？

人们是如何获得疼痛的感觉呢？疼痛的感知不会依赖与物理事件一般的标准，而是一种明确的疼痛感，一种不可分析的实质存在，而且可以在刺激存在前提下反复出现。有机体可以区分确认这种质的感受，尤其不需要耗费很多时间和精力来告知他的感受，对于是否是"疼"的感觉不会犹豫怀疑。当你被问如何区别疼痛和其他感受时，你的回答是疼痛感不需要基于特征分析就可以很快辨认，不是描述性现象，只能回答就是如此。① 可见疼痛的识别需要主体的存在，而不能单独成型。感觉可以得到质的确认，却找不到量化方式。通过详细分析个体的活动，对疼痛的整个反应过程分析之后才可以描述，要知道分析是描述的前提。但是对疼痛质的识别不需要描述过程，尤其个人自我疼痛感的识别目的是判定空间和时间上的疼点，即何时哪个部位有痛感。所以对"疼"位置的确定，对个人而言是自然而然的事情，没有需要人参与的过程。

他认为，当然人们也可以从生理特性和神经系统组织角度来阐释疼痛的产生过程，但是如果放弃心理层面的认知而追求身体过程对人们的疼痛识别则没有意义。人们识别疼痛的过程不需要借助任何描述性方式，这与物理主义的分析是不同的两种形式，因此对痛苦的心理过程作进一步解释，它是不可分析的，也就不存在原因这种因果解释。可见，对疼痛存在两个层面的解释，其一是基于生活中人们对疼痛的识别过程，其二是从生理机制方面寻找疼痛形成的机制。

以此观点，如果我们探寻疼痛的其他解释模式，那么就会放弃人们日常

---

① Dennett, D.. "Content and Consciousness" In Routledge Classics [M]. London: Routledge Press, 2010, 11.

的解释、感受和活动，只好转向大脑系统和神经系统事件。与此同时，也要忽视心理现象的第一人称属性，这意味着不能将导致疼痛的客观外因与之对应。但是这种强制性不是源自外在刺激，因为一个人可能会因身体机能缘由无能力对外在刺激作出回应，或面对外在的强迫要求也可以不作为。所以大脑和神经系统给真实疼痛感带来的是强制性，比如强制性地收回疼痛的手指，但是人们还是可以强制抑制收回的行为，因为控制行为的是心智因素而不是外在刺激，这种心理对行为的控制反映了心理内容和行为的一致性。由上述分析可知，感受和行为之间不存在一一对应的关系，"假设一些可怕的质或现象来匹配这样一种强制性表现，这是完全无理由的"。①

当心理学解释对象主体是人的心灵和活动时，个人层次的解释是唯一有效的解释层次。从疼痛例子可以得出一个结论，放弃个人层次的心理学解释只能导向疼痛行为的误解，而基于大脑神经系统的亚人层次心理学解释是没有实际预测意义的。

基于此，个人层次和亚人层次心理学解释之间存在明显适用性界限。在解释方法论层面，感觉和神经冲动之间不存在任何联系，它们属于不同的类别范畴，不存在内容或结构的因果关系，只是纯粹的同一性关系，所以在丹尼特看来就不存在衔接问题。

3.1.2　戴维森的"无律则一元论"

戴维森提出了众所周知的无律则一元论学说，指心理事件和物理事件之间是表征同一性，认为每个心理事件对应一个物理事件。同时，他否认在心理状态之间有任何严格的规则存在，不可能从心理学解释的理性中找到包含

---

① Wittgenstein, L.. Philosophical Investigations: the German text, with a revised English translation [J].Wiley−Blackwell, 1991, 104−105.

规则的心理状态。我们不得不在心理学范畴内合理化他人的行为，对他们的行为给予受限制的解释，将人们的行为置于具有一致性和相容性的心理学框架内来探讨。在亚人层次的心理学解释中，找不到可以与常识心理学媲美，满足智能行为预测的合理性、一致性及连贯性。在他看来，这些常识心理学特性决定与众不同且不可还原为亚人层次心理学解释的形式。即使当今神经科学已经显示个人层次的心理状态与大脑神经系统直接相关，但是这些神经细胞由于没有理性事实，也没有彰显出对常识心理学命题态度的解释力，所以他否定个人层次常识心理学解释和亚人层次心理学解释之间的垂直解释关系，从根本上否定垂直解释的等级存在。根据心理现象和外在世界之间是表征同一性，因此物理性结构决定主体意向性和外在行为是规则支配的因果关系。

戴维森认为要研究心理学解释过程必须先考虑三个要素。其一，诸如感知、记忆、知识的获得和意向性行动等心理学事件，皆是直接或间接由物理事件引起的。其二，如果两个事件以原因和结果形式相互联系，那么存在一个具有决定性的规则系统，可以用于描述事件之间的关系。其三，心理学中没有精确的规则。物理世界的事件之间因果关系来解释心理现象这是描述性的，与常识心理学解释的标准性描述不同，然而不借助物理性法则，心理学解释就无法则可用。

依据之前常识心理学解释部分的介绍，戴维森无律则一元论为个人层次心理学解释如何获得因果效力提供一个新的观点。首先，戴维森明确常识心理学解释具有因果效力，强调"与事件结束厚度合理化解释不同，常识心理学解释之所以是因果解释的一种，是因为它们可以识别导致代理如此行为的信念和期望"。[①]理解行为应该基于意向的术语来解释，有信念、期望、希望

---

① Davidson, D.. Actions, Reasons and Causes [J]. Journal of Philosophy, 1980, 60 (23), 685–700.

等命题态度。心理学方法的不可还原标准就是心理科学不能期望以物理学方式平行发展，解释行为和预测行为也不能基于物理现象的前提原则。他不认为这种事件不可解释或者不可预测，而是强调利用不能合并入物理术语系统的那些思维及动作词汇来描述心智现象。

信念和期望是行动的因果条件，在具体行为解释中，假设我们有充足的条件，那么我们可以说：无论何时一个人具有如此这般的信念和期望，之后也有满足如此这般的条件，这人就会如此这般的行为，在这之间没有严格意义上的规则。如果我们要基于信念和期望预测行为，这个过程需要的是将所有相关信念和期望都纳入定量微积分来考虑。要构建其基于理由的行动概念需要考虑两个问题，分别是原因问题和理性问题。理由是指一次性的发生原因。建立理性的过程是透明的，原因肯定是一个信念或一个期望，在此条件下行为就是合理的。但是理性也需要很精细，因为信念和期望充当行为原因的方式一定要满足更进一步且不可明说的条件。解释模式具有明显优势，我们不需要知道有关行为是如何引起的过程，它就可以解释行为。

基于理由的行动解释不存在因果因素的复杂性，通过忽略检测事件发生的前件就可以完成解释过程。试着提升事情的最简单方式就是用信念和期望，替代可能直接导致行为的原因事件。但是对几乎所有人而言，行为理论不可能解释复杂的行为，除非它可以成功推理或构造思维和情绪的模式。

拉姆齐（Ramsey）认为个体从一定程度相信给出命题的这个行为，提供一个行为基础。他建议利用实验性程序，可以分离角色主观可能性（或信念的可能性）和选择行为中主体价值观。很显然，就像人们在买大买小的赌博中，如果假设代理通过选项的客观频率或可能性来判定行为发生可能性，那么很容易从他的赌博选择中计算出其最后主体价值观。但是因为选择是这两个因素的结果，所以好像凭借这个说明也不能调整心理学解释的效果。

戴维森认为拉姆齐的这个理论展现了心理学解释能力有效性，但是也有不足之处，首先预测的主体价值观是否会随时间发生变化，其次没有明确主体两个选项都选时的行为预测。另外，他认为我们语言的不同也影响信念的差别，因为我们要表达一个信念是将陈述句子加在"他认为……"之后。有理由认为，要建立信念归属的正确性并不比翻译一个人的演讲更容易，但是我们可以说问题是相同的。没有个体语言作支撑，我们无法确定信念；同时没有信念作支撑，我们也无法理解个体的语言。

由于心灵的个体同一性理论决定每一个信念对应一个神经心理学状态，两个神经心理学事件之间因果联系就是对应的两个心理事件之间的联系，所以两个不同心理学事件之间也是因果联系。基于物理术语的物理事件之间存在因果规则连接，这些因果规则定义了神经心理事件，也进一步影响了心理事件之间的关系。在心理学层面，心理事件是基于另一个心理事件的因果关系来满足类法则特质的因果关系原则。

无律则一元论是基于一个因果关系理论和事件而构建，但一个事件是如何凭借其内容而导致另一事件的呢？其核心特征是因果解释力和完全不同术语形成的因果关系说明。因果规则可以讲清楚神经心理学状态之间的关系规则，那么相同的逻辑，无律则一元论的因果解释效力是由命题态度心理学的语言自我论证。戴维森的理论为心理学解释效力提供了一个直觉上可信的解决方案，可以将单个心理学和单个的神经心理学事件一一对应，但是却不能将单个心理学与物理事件的类型作出对应，所以他也被称为个例同一性的理论者。对此，海尔（Heil）和梅莱（Mele）对他的观点提出批判，认为无律则一元论是形而上学理论，尤其在解决常识心理学解释如何具有因果效力这个问题上，更是将心理状态视作附带现象。[①] 坚持个例同一性的戴维森归根结底还是二元论者，在他的论点中自然也就不存在衔接问题需要解决。

---

① Heil, J., Mele, A.. Mental Causation [M]. Oxford: Clarendon Press, 1993, 29−30.

3.1.3 霍恩斯比的"待解释之物"

霍恩斯比从个人层次心理学解释和亚人层次心理学解释的对象行为出发，认为两个层次的"行为"是完全不同的对象形式。两个层次心理学解释关注的待解释物是不同的，尽管从各自学科领域看都研究从信息感知，信息传递和加工到最终形成行为的整个过程。然而事实上，在个人层次广泛视阈下，行为被视作一个目的有意向性地执行活动而被解释的；在亚人层次狭窄视阈下，恰恰相反，行为被视作身体机能运动的表现而被解释的。在两个层次之间继续模棱两可地研究下去，彼此之间是不可能吸收同化的。霍恩斯比就是基于此，认为两个层次的心理学解释不可能同化。

霍恩斯比认为"用于解释研究结果的亚人层次的论述不被认为对之前常识心理学解释的对象提出了新的理解。当实验室心理学家们为了亚人层次理论做各种实验时，他们回答的问题不是那些我们通过与他人互动就能知道答案的问题，这是因为日常利用常识心理学回答的 why 问题，要求将主体看作和我们自身一样具有理性动机者，所以亚人层次心理学的论述一定针对一组不同的待解释物"。① 比如，对人们"做决定"这一行为解释，实验性心理学家关注捕捉试验中可观察的对象规律性，凭借还原为物理性机制或可能性推理的方式作出解释，对做决定这一现象的解释是以描述性形式呈现，不符合常识心理学解释的标准。待解释物的差异显而易见，当然待解释物的不同注定在心理状态和事件上不存在系统化的任何可能。

霍恩斯比承继了戴维森的心理无律则一元论的观点，认为我们个人层次心理学概念的标准维度具有不可还原性。但其观点比戴维森更加绝对，不认

---

① Hornsby, J.. Simplemindedness: In Defense of Naïve Naturalism in the Philosophy of Mind [M]. Cambridge, MA: Harvard University Press, Revised(ed), 2001, 165−169.

为单个事件可以由物理学或心理学方式来定义，而是坚持心理事件在根本上与物理事件是不同的独立存在，不认同戴维森的"个例同一性"观点。产生身体的运动神经心理学事件和身体动作之间的关系是纯粹物理事件，而主体的活动与命题态度的解释是纯粹的心理事件。因此，行为合理性的说明就是将人视作整体来互相理解和解释过程，和身体的动作之间没有解释关系。可见，其主张的个人层次心理学解释和亚人层次心理学解释之间存在绝对不可调和的割裂，不需要亚人层次心理学解释提供的合法化地位，自然也没有必要探讨因果关系在亚人层次的实现问题了。

3.1.4　自主心灵理论视野下的衔接问题

经过以上探讨，我们知道自主心灵论者认为常识心理学的概念和解释是不可还原的存在，心理状态独立于物理事件，因为个人层次常识心理学是标准性的具有因果效力的心理状态解释，而亚人层次心理学解释是基于科学心理学、认知科学和神经科学的描述性解释。在霍恩斯比看来，戴维森的"个例同一性"都不存在，至多在神经心理学层面找到心理事件的对应。行为的合理性解释也是基于作为整体的人，和亚人层次经常涉及的类似"疼痛"机制的研究是不同的，前者的整体性和后者的部分性没有重叠研究。

很明显，自主心灵论者认为衔接问题是一个伪命题。因为常识心理学解释层次不需要低层次解释的支持，所以他们也否定垂直解释的存在。虽然他们否定垂直解释和衔接问题，但是认可水平解释之间存在授权条件的关系，其他的水平解释可以替代亚人层次心理学解释，为常识心理学解释的合理性提供支持。

3.1.5 小结

我们了解到自主论者坚持常识心理学解释与科学心理学类型的解释之间存在不可通约性。对常识心理学中核心概念命题态度的观点是，承认命题态度的存在，但否定命题态度在亚人心理学解释层次可以被实现，因为根本就不存在层次之间的衔接问题。有关人类行为的理解，他们坚持认为仅需在常识心理学层次探讨命题态度就已足够，因为在他们看来，认知科学和神经科学的发展成果只是为个人层次的心理学现象提供了亚人层次的表现形式。

在本体论意义上，个人层次心理现象的本质还是通过命题态度给出理性的解释，注重个人层次常识心理学解释的唯一性和不可还原性事实，基于心理学的历史渊源和发展成果，科学心理学研究需要常识心理学解释的预测引导，而常识心理学解释中的一些现象也在科学心理学中得以验证，所以自主论者过分夸大了个人层次常识心理学解释的标准维度与亚人层次心理学解释的描述性之间的差异性。其实自主心灵观点对待常识心理学的地位持消极态度，主张彼此概念范畴井水不犯河水也不符合实际情况，心理学哲学的存在便是最好的证明。

但是，自主心灵论还是为我们明确了常识心理学的标准性特征，确定了常识心理学的客观地位，作为描述性解释方式的科学心理学和常识心理学之间的这种差异性主要集中在命题态度这一概念上，命题态度所具有的合理性、一致性和连贯性，在亚人层次上如何实现便是解决衔接问题的着力点。

3.2　功能心灵理论的解决方案

自主心灵论的观点坚持心理状态和行为的理解基于理性术语，而且心理状态和行为以及心理状态之间的关系不同于物理学那种关系，存在不可通约根本上的差异。但是早期受英国社会学派影响的功能心灵观点允许自上而下的垂直解释关系，在不同层次的解释中存在因果的心理状态与行为的关系、心理状态之间的关系以及物理性的关系。我们基于因果关系的前件来理解行为，就像我们理解每天的物理现象也是基于它们的因果关系前件。这种解释关系上的共同性决定个人层次心理学解释与亚人层次心理学解释之间没有根本上的差异。由此可知搞清楚因果关系的网络本质，就能为心理学解释的融合找到结合点。这个复杂的网络包括感知输入与心理状态之间的网络、不同心理状态之间的网络、心理状态和行为之间的网络，然后像常识心理学泛化一般将因果关系网络泛化，这就是功能心灵观点面对衔接问题的思考。

基于功能心灵观点视角，大卫·刘易斯（David Lewis）和罗伯特·范·古利克（Robert Van Gulick）认为常识心理学解释在心灵理解中扮演着非常重要的角色，强调常识心理学解释使我们有机会认知那些解释等级低层次无法解释的行为。与自主论者不同，首先功能心灵观点认为常识心理学的泛化与"一般"因果泛化没有明显不同，不认为解释或预测行为的理性会导致常识心理学解释与亚人层次心理学解释之间定性上的差异。所以他们认可衔接问题的存在，并给予功能主义观点解决的方案。

行为的实施来自理由，而不是原因，现在很少有哲学家会否认给理由的解释是原因解释的一种。关键问题是如何理解常识心理学中的因果维度。功能主义认为真正的因果解释一定有因果规则连接。哲学家们普遍否定个人层次解释存在因果规则，第一个理由常识心理学解释不同于存在因果泛化的描述性解释；第二个理由常识心理学的因果泛化状态缺乏稳定性。那有没有类似规则的因果关系存在呢？普遍来说没有这样的泛化可以真正类似规则。[1]

然而物理性规则，也是在最理想情形下论证的，这种理想情形在真实事件中不存在，即使实验室也难以实现。

3.2.1 刘易斯的"心灵还原论"

刘易斯的心灵还原论是基于功能心灵观点对衔接问题的尝试性理论，他将常识心理学设想为有关因果关系的理论，也就是说常识心理学本体是因果关系网络，在这个网络中连接外在刺激、心理状态和相应行为。心理状态的因果角色是由其所参与的因果关系泛化所赋予的，依赖于常识心理学中发挥的作用而存在。所以，命题态度在个人层次充当因果角色，处在个人层次的因果角色的真理是分析性的真理，基于概念之间的分析而得。那么，衔接问题的解决就依赖于，在神经科学和科学心理学中寻找实现因果角色的亚人层次状态，它们构成物理状态的因果网络，这个网络和常识心理学的因果关系网络是同构关系，所以科学研究的经验性成果和常识心理学中的分析性概念之间也是实现者和因果角色的关系。

---

[1] Schiffer, S.. Ceteris Paribus Laws [J]. Mind, 1991, 100 (1), 1–17.

　　就心理状态的功能角色和其内容之间的关系，刘易斯与其他功能心理论者态度是一致的。内容一般被认为是相关于功能角色的内容，具体来说，代理可以在不同时间将不同的心理态度附加给同一个心理内容。只有因果转换可以有效地定义其角色，同时心理状态类型独立于其内容，而是因功能角色的不同而不同，内容和功能这两部分紧密相关、不可分割。但是在实际解释具体角色与内容之间因果关系时，自然会产生一个实际解释操作的问题，因为功能主义主要用于没有内容的心理状态，如疼痛，而对于命题态度这种类型的心理状态却没有一个明确陈述。疼痛这类心理状态的功能角色可以由典型的行为反应来判定，之所以如此直接，很明显是因为它没有涉及对世界的表征。[①]根据功能主义的观点，心理状态被视作以特定方式配置给各种行为。

　　面对心理状态如何表征世界的问题，刘易斯自然想到哲学行为主义思想，于是便将常识心理学视作一个术语引入的科学理论，"通过收集所有你能想到的陈词，这些会涉及心理状态的因果关系、感受刺激和动作反馈等陈词是我们共有的知识，每个人都知道，也了解怎么使用。因此我要宣布心理状态的名字源自这些陈词的意思"[②]。在他看来，陈词是常识心理学的支柱，一个人只要掌握了陈词就掌握了共同的命题态度，陈词是个人层次心理学解释一致性、连贯性和合理性的来源。而且，基于功能主义的观点也确实可以赋予信念内容和其他命题态度的个性特质。以此观点，常识心理学解释也就不是那么容易理解的，需要凭借经验性研究。

　　刘易斯的心灵还原论来自先验还原主义传统，认为世界上的一切东西都是由一些基本的属性和物质所组成的。他认为心理状态还原为基础物理状态，就像水煮沸一般也可还原为分子动能和势能的转换。对于人们提及的心理状态的不确定性，他以唯物主义的附随性作出回应。但当我们注意世界的附随

---

①　Tye, M.. Philosophical Perspectives [J]. CA, Ridgeview Publishing Company, 1990, 254.

②　Lewis, D.. Psychophysical and Theoretical Identifications [J]. Australasian Journal of Philosophy, 1972, 50 (3), 249-258.

性特征，那么心灵必然是个特例，因为附随性的特征多不可计。当然可以泛化这些特征，这就需要从无数复杂的物理条件中经过无数次的析取过程，才能产生足够主要的附随性特征，明显这没有实际操作性可言。另外，他着重强调了常识心理学解释的地位，认为常识心理学是强有力的预测手段，我们确实可以掌握各种奇异的行为预测方式。经过数千年的进化，常识心理学解释系统毫无疑问是具备因果解释效力的，包含了心理状态的因果关系、感知刺激和行为反馈。所以，刘易斯为了避免上述微小类别的不可操作性，又提出新的可实现假设。假设我们已经可以引出常识心理学所有已知的一般性原则，无论任何时候，作为常识心理学名字的 M 代表一个心理状态，常识心理学就可以认为状态 M 代表性地占有一个特定因果角色，称为 M—角色，这样我们再粗略地分析 M 就足够了。通过常识心理学模糊地定义术语 M 就避免了不可操作性，只需再对具体心理状态下定义时精确就可以了。^① 这时如何做到精确就是值得细细商榷的问题了。

目前还没有明确所有本体论的属性和关系清单以及自然的本质规则，并且还原论的范畴也是值得商榷的。只要是依照物理路径归置心理状态，都会成为唯物主义的附随性。不同心理学科对常识心理学解释中类似心理状态的同构，结果就是心理状态的不确定性。

3.2.2　古利克的"目的性向导"

功能主义心灵观点认为心理状态之所以具有内容，是由其在心理现象和中间行为中所扮演的角色而决定的。核心主张是内容概念通过功能角色的概念阐明，这些功能角色在心理状态、中间刺激输入和行为输出的结构中发挥

---

　　① Lewis, D.. Psychophysical and Theoretical Identifications [J]. Australasian Journal of Philosophy, 1972, 50 (3), 249−258.

作用。古利克给出了明确陈述："考虑到功能角色不仅仅区分一般的心理学状态，例如信念、期望和意图，而且还区分亚人层次类型，例如'相信 p 和相信 q'。一个心理状态基于其功能性角色的不同可以拥有任何类型的内容。①"这意味思考者可以在不同时间将不同的态度附加给同一个命题。例如，我可以期望"河水正在结冰"，之后看到现状又遗憾"河水正在结冰"。这个信念"河水正在结冰"和之后遗憾具有相同的内容，但是拥有不同的功能角色，当然也不同于其他内容类型的信念的功能角色。

古利克认为如果我们将心理状态视作因果角色的占有者，那么我们就要解释从它的因果角色中如何能推出这个心理状态的各个方面。衔接问题的解决需要依赖功能心灵观点的功能性分解和分析，还要强调个人识别这些可以满足常识心理学解释因果关系泛化的认知能力，认知能力其实就是因果角色与内容之间的关系的内在表征。另外，还要将这些认知能力进一步分解为亚人层次能力，甚至再进一步，直到我们抵达没有认知的解释层次。为此，他借用了弗雷格（Frege）在心灵层面将心理状态划分为力和内容两个方面，用力代指命题态度中认知能力。以一个命题态度为例，相信"外面的天在下雨"，这个命题态度的"力"就是"这是个信念"，而不是期望或其他的心理状态，而"力"是可以让这个命题态度拥有"信念"这一方面的指向性关系。"内容"专指命题态度的内容，即"外面的天在下雨"。一个信念的因果角色从根本上与一个期望的因果角色不同，即使具有相同的内容，但信念更容易得到人们的详细说明。如果我相信 p，我就会基于 p 是个实例来行动，然而如果我期望 p，我就会基于 p 未来最可能发生的方式来行动。在他看来，心理状态是信息式且可操作的，在恰当的环境下有机体的行为会作出适应性调整。功能心灵观点的标准观点认为力和心理状态的内容都是由因果功能角色的术语所

---

① Van Gulick R.. Nonreductive Materialism and the Nature of Intertheoretical Constraint [J]. Emergence or Reduction, 1992.

阐明的，信念 p 之所以是一个信念是因为信念 p 在认知体系中充当了一个特定的因果角色，也是这个履行角色的事实使其成为具有内容 p 的信念 p。

基于功能角色的语义内容，功能心灵观点能否对心理状态的语义属性做出一个令人满意的解释呢？问题就出在内容和态度之间的巨大差异。命题态度发挥常识心理学解释的因果作用，然而命题态度彼此之间的推导却仅仅依赖于纯粹的命题内容。[①] 古利克对心理学解释的本质有两点认识。其一，功能心灵观点认为个人层次心理学解释是规则支配的因果关系。因为心理状态的功能角色是由这些状态之间的因果规则所决定的，所以心理学解释就是将行为归属于相关因果泛化之下。其二，功能心灵观点的核心主张是我们可以在亚人层次上识别可以实现个人层次角色的实现者。但是这要求两个层次之间的结构同构，结果就是在亚人层次心理学解释当中也能识别到对应的因果泛化网络。

3.2.3 功能心灵理论视野下的衔接问题

由于亚人层次心理学解释和个人层次心理学解释之间存在本体论层面的差别，神经科学和科学心理学探讨的是行为背后认知及其动机的机制，而常识心理学解释是类规则的泛化解释，探讨的是行为和心理状态之间的因果关系。基于此，功能心灵论者认为解决衔接问题的核心是实现的概念，因为角色和实现者之间存在明显差异，并且功能角色是多层可实现的。他们认为亚人层次的心理学解释可以多合一，成为一个整体，最终由神经系统机制的实现者来实现功能角色。其实，就是将衔接问题看作个人层次的常识心理学解释与亚人层次实现者的统一问题。威廉·莱肯（William Lycan）对此作出详

---

① Harman, G.. Reasoning. Meaning and Mind [M]. Oxford: Clarendon Press, 1999, 71.

细的阐述：

"我的对象是：'软件'和'硬件'的谈话（或者'功能'与'结构'的谈话）支持二分法的观点，将之分为两个层次，即大概的物理化学层次和随后的'功能'较高的组织层——与自然层次是多层等级这个现实相反，自然的每个层次显著表现为普遍一般的一个联接和随后这些层次之下的连续性。自然是以这样等级方式组织的，此外'功能'和'结构'的区别是相对关系，某些心理状态是相对于一个占据者而言的角色、相对于一个实现者而言的功能状态，整个层次是一个被设计的自然模型。"①

莱肯认为不同的描述和解释层次无限数量地存在，而且在功能角色与其角色实现者之间是彼此联系而不是孤立的。这一层次和上一层次解释可能相关联的实现者，可能同时也是和下一层次解释有关联的功能性角色，角色和实现者的关系就在这种循环往复中沿着解释等级向下传递。每一层次的实现者和角色之间随着解释层次的不同不断转变，这样层层递进自然延伸到神经科学层面的心理学解释层次。

这样将问题简化的方式确实很吸引人，但是毫无理由的化约结果缺少了不同亚人层次心理学解释中研究分析的多样性，将科学之间差异化直接抹掉的做法也是毫无逻辑可言。

依据自主心灵论者的观点，构成常识心理学的因果关系网络的状态类型和操作相关因果角色的以物理方式可识别状态类型之间是一种垂直实现的关系。功能心灵论者对衔接问题的态度与自主论者不同，不认可识别这种垂直关系就是解决衔接问题，认为垂直解释产生了常识心理学的基本认知能力，所以认为这种认知能力是一种有效机能，从亚人层次心理学解释中找到保证认知能力的物理基础。另外，亚人层次心理学的原则性方法论是功能可分析

---

① William Lycan. Mind and Cognition: An Anthology [M]. Wiley-Blackwell Press, 2008, 78-101.

的，也就是说解释认知能力可以将其分解为亚层次的能力，并且一直分级下去，直至神经系统的生物化学分子层次。可见，所有的层次是以实现者和被实现角色连接在一起的。

但是，虽然心理学功能主义充分考虑了科学心理学、认知科学和神经科学其本质的复杂性及多样性，但功能性分析不可能给予我们在神经层次实现的线索，并且神经系统的分析缺少可操作性，因为没有相关科学的佐证。

3.2.4　小结

通过上述分析，我们了解到功能心灵观点对常识心理学解释因果关系的认识，认为命题态度的内容由其所充当的角色而决定。但是依照命题态度的逻辑推理思路会发现这种决定关系并不合理，比如我有信念"河水正在结冰"和期望"河水正在结冰"，两个命题态度的内容应该是一致的，但是依照功能心灵的观点，这两者的内容从本质上应该是不同的。一般来说，鉴于信念 p 通常由其他是如此的 p 所因果产生，欲望 p 通常由它还不是如此的 p 所因果产生。如果依据功能心灵观点，内容是由功能角色所确定是非常严谨的话，那么结果就是在不同的命题态度之间不存在内容重叠，因此即使在语言上的一样也不会产生一个内容。如此这般就产生了"态度的持续性"疑问，常识心理学的内容共同性自然就无从谈起，而这一点恰恰是对思想本质的严重误解。

功能心灵观点一致认为内容的本质属性是功能的实现，只需因果属性相同，就可以说实现者是同等的存在，例如人造心脏可以实现心脏的搏动血液功能，依照功能主义主张，人造心脏与天然心脏功能相同，便可以在不考虑物理属性前提下直言二者本质上是相同的，对对象物质属性的漠视必然不符合科学事实，有陷入相对主义的倾向。

要知道，心理状态的因果维度关系绝不仅仅是简单的心理状态产生行为的过程，更重要的是，通过因果维度的解释掌握心理状态之间组合如何进一步产生新的心理状态。功能心灵观点将心理状态之间的联系抹杀了，不符合客观实际。此外，无论刘易斯和古利克如何尝试让功能心灵观点下的常识心理学解释因果维度具有可操作性和合理性，都会落入不可知论的处境，这与常识心理学的因果实际以及人类心理方面科学的发展成果不一致。

但是，功能心灵观点通过功能角色和实现角色的物理结构来解决衔接问题的想法还是启发了表征论者，另外功能心灵观点对因果关系的关注，以及对个人层次心理学解释和亚人层次心理学解释之间的关系分析也为表征心灵观点的探讨奠定了基础，同时命题态度内容和状态的二分法在表征心灵观点中得到延续。

3.3 表征心灵理论的解决方案

表征心灵论者继承功能心灵论者对"力"的认识，认同基于命题态度的因果角色解释，和功能心灵观点一样主张从上而下的分析，因此也有人说表征心灵观点是功能心灵观点的一个变种，其中的区别集中在功能角色与其实现者的身份及属性上。但是否认命题态度的内容也是源自因果角色，在他们看来，内容不是命题态度的附随性存在。在命题态度内容探讨这一点上，两种观点背道而驰。鉴于功能心灵观点将心理状态视作内容的先验，表征心灵论者更倾向于心理状态的因果有效性来自命题态度内容。在他们看来，心理学解释之所以可以有效解释日常行为，都是因为人们可以通过命题态度如何表征外界来识别导致行为的心理状态。

表征心灵论者中代表人物有杰里·福多（Jerry Fodor）和乔治斯·雷伊（Georges Rey）等人，他们都坚持思维语言假说，认为存在心理状态的内在表征系统用于表征外界，同时满足常识心理学解释的因果关系标准。

3.3.1 福多的"内部思维语言"假说

福多的表征心灵观点认为心理学解释是计算性解释。根据福多的观点，代理的行为方式是一系列表征系统内部计算的结果，这表示这些心理状态在内部有实现者。简而言之，他认为计算就是需要类语言表征中介的存在，故而提出思维的内在语言构成的句子就是心理状态，对应常识心理学层面的命题态度。思维内在语言的组成成分在逻辑层面与相关心理状态的内容相对应，而这个句子就是我们的信念在亚人层次上的媒介，思维的内在语言是在亚人层次心理学解释中，信念是在常识心理学解释中，二者差异就在一内一外之间，分别隶属于表征状态和命题态度。

举例：句子"太原是山西的省会"的组成成分分别是专有名词"太原"和"山西"，以及这两个地方的谓词"__是__的省会"。当这个句子成为信念，它就是信念的内容"太原是山西的省会"。我们可以将命题视作由成分组成的一种结构，可见命题态度的内容也是结构的。如果翻译成英文就是"the city Taiyuan is the capital of Shanxi"，这句话可以书写也可以用英语说出来，虽然表达的语音、形式或语音符号各不相同，但是都有一种媒介充当表达的形式，这种媒介是一种物理性结构。可以得出，这些媒介具有和命题的结构同构关系，那由此及彼是不是说表征心灵观点中的命题态度在亚人层次上的实现也是基于一种媒介呢？

命题态度是福多表征心灵观点的核心内容，之前的文章中已经详细论述了命题态度的特征、属性和内容，这里要着重介绍福多就表征心灵观点提出的三个基本要素，分别如下：（1）必须基于物理结构之间因果关系来理解命题态度的因果维度；（2）这些物理状态具有句子的结构，它们的句子结构支配其组成成分和组合方式；（3）物理状态之间的因果转换遵循所表征思维之间的理性关系——作为这些物理状态其内在属性的一个函数。[①]

下面围绕这三个主张，详细探讨个人层次常识心理学解释中命题态度的

---

　　①　Bermú dez, J.L.. Philosophy of Psychology: A Contemporary Introduction[M]. New York: Routledge Press, 2005, 85.

内容和亚人层次心理学解释中心理状态的内在思维句子是什么关系。从外在的轮廓开始，通过符号的语法将这个符号的因果属性和其语义属性连接起来，一个符号的语法是其高阶物理属性之一。就一个隐喻的第一近似而言，我们可以认为一个符号的语法结构是一种其形状的抽象特性。因为一个符号的形状是其因果角色的一种潜在决定因素，所以很容易看出来存在一个连接符号因果角色及其语法的环境。一个符号的语法可能决定了其所表征的原因和结果，几何是决定这个符号如何预算。

所以不同的符号之间可以互相推导，当一个人所表达命题是另一个人所表达命题的必要条件时，这两个命题内在思维语言的语法关系可以生成其之间的语义。这就是一个简单的语义形成机制：

（1）机制的操作完全由符号集转换构成的；

（2）在执行这些操作的过程中，机制只对符号的语法属性敏感；

（3）这个机制在符号上操作执行只局限于它们形状的改变。

符号之间的机制就像句子和公式的关系，福多曾说"命题态度和内在思维语言之间等同于句子和公式的关系，这种句子和公式关系所许诺的思维方式允许命题态度的内容互相推理，作为内部代理人存在的它们表明思维是以内容因果相关的方式来思考命题内容"。①

除了自主心灵观点，已有的心灵观点对第一个申明都已达成共识。自主论者认为将心理状态视作因果关系是类别性错误。这不能被这些自主心灵论者所接受，他们认为心理状态的因果关系必须在反设事实条件中理解，即人在不同环境中如何表现。但这些都是少数观点。

---

① Fodor, J. A.. Psychosemantics: The Problem of Meaning in the Philosophy of Mind [M]. Cambridge, MA: MIT Press, 1987, 15.

3.3.2　雷伊的"理性"思考

基于福多的思路，雷伊探究更加抽象的问题，即对生物而言什么可以视为理性思考？根据他的观点，只有思想间作逻辑转换的生物才可以被视为理性存在。逻辑转换不同于不同思想之间的协调或融合，而是要对思考中的逻辑属性高度敏锐，真实的逻辑转换是基于逻辑操作如"和""或"以及"非"等来实现的个体思想之间的命题转换。逻辑属性要内在于个体思想，以谓词计算形式进行编码信息的过程。雷伊认为思想的内在结构一定是以某种方式得以表征，这种方式一定是因果可用的，因为思想之间转换一定是因果性转换。[①]　、

尽管普遍性约束只适用于主谓形式的思想表达中，但是雷伊提出了一个更全面的视野，他指出对一个可思考任何组成性结构想法 p 的思考者而言，他将能思考所有思想，思想的内容受制于 p 逻辑句法部分的任何逻辑排列，而代理人可以基于逻辑转换规律自由进行内在思维语言的逻辑排列，将计算从福多之前提出的计算转为具有命题逻辑转换的估算。[②]

做决定本质上是求被期望效用的最大化行为，内在思维语言作为计算的中介形式，做决定过程就是在此基础上操作相关估算的过程。基于根据背景和动机状态来表征的具体环境，凭直觉代理就可以正确地思考行为。所以，"做决定"模型的要求是，将做决定过程中所有涉及不同因素都以类似语言的中介来表征。以下是雷伊的"做决定"图解模型：

A：一个指定生物发现自身处在一特定情形 S；

---

① Rey, G.. A Not "Merely Empirical" Argument for a Language of Thought. Philosophical Perspectives, 1995, 202.

② Rey, G.. A Not "Merely Empirical" Argument for a Language of Thought. Philosophical Perspectives, 1995, 204.

B：它相信存在一系列行为选项 $B_1\cdots$，B_n，在 S 中有效可用；

C：这个生物通过计算一系列条件形式，对这些行为的每个选项给以处理，来预测可能的处理后果；如果在 S 中处理 B_i，那么结果 C_i 会一定可能性发生；

D：给所有结果分配一个偏好的排序；

E：这个生物的行为选择就是作为一个分配偏好和可能性的函数。[1]

这个模型具有可操作性，而且将做决定的背景知识纳入考虑范畴，是一种描述性心理学理论。最重要的是，他的模型让"做决定"等思考行为讲得通，同时不需要假设存在一些对可期效用的估算。

计算只是对符号式处理过程有敏感度，因此只能处理表征状态的形式属性。内部思维语言像逻辑性语言经过一阶谓词的处理来对应命题态度，整个过程被视作形式语言纯形式的公式化，对心理状态的解释就是基于句法形式的转化过程。而思维语言句子之间的因果关系则依赖于这些句子内容的语义关系。

表征心灵论者都认为解释对象归根结底只有三类：可考虑的行为、概念学习和感知。[2]可考虑的行为的可考虑指有机体可以对比思考这些不同类型行为的结果；概念学习和感知指对代理而言信息的形成及处理过程。这三类解释对象在科学心理学中也有相呼应的研究对象，比如认知、注意、感知等。经过研究探讨，雷伊发现只有内在的思维语言假说可以同时阐明这三类对象，涉及的计算过程是对命题态度的类语言表征。因为科学心理学发现，非语言生物和前语言的个体都具有认知表征。

非语言动物具有认知学习的能力。科学心理学界以黑猩猩为研究对象，发现在自然界中黑猩猩彼此学习用树枝钩出白蚂蚁来吃，显示它们具有后天

---

[1]　Rey, G.. A Not "Merely Empirical" Argument for a Language of Thought [J]. Philosophical Perspectives, 1995, 204.

[2]　Fodor, J. A.. The Language of Thought [M]. New York: Oxford University Press, 2008, 13.

学习的能力，另外观察日本猕猴，发现日本猕猴之间会学习清洗马铃薯的泥沙后再吃，这些动物都完成了新奇动作从不会到会的过程，这是典型的模仿学习。此外，著名的黑猩猩搬箱子摘香蕉的实验更是动物学习能力的体现。可见，认知学习不局限于人类，非语言生物和拥有语言的人类在心理状态方面具有同质性。解释这一现象的可行性方式就是，人类和非语言生物之间具有进化认识论上的连续性，这种连续性表现在个体层面，就是具有同质的心理状态表征系统。当然人类和其他物种间的认知能力表现差异还是非常巨大，即使黑猩猩也没有语言系统，人类的语言能力是由前语言阶段的婴儿时期逐步形成的，这个过程伴随着个体经验的成长。

换句话说，人类的语言是如何习得呢？以福多的观点，认为人类的内在思维语言是一种元语言，因为"学习第一门语言意味着，需要构建某种与先天的语言系统相互协调的语法，并且通过不断地以先天的简化公式所设定的序列方式，来观察以验证那些语法的正确性"。[①]可见，只有以一种已知语言为基础才能学会另一门语言，而就婴儿对母语的学习而言只能假设新生儿天生自带一个系统来表征语言中的谓词及其外延。所以雷伊认为内在的思维语言不可能是公共语言的内化形式，而是一种内在独立的符号形式——元语言（内在思维语言）。福多在此论点基础上明确提出"思维语言假说"。

表征心灵观点认为由自身所拥有的内隐符号系统可实现诸如信念等命题态度的内容。也就是说，在一个信念的内容和媒介之间存在结构同构。命题态度在常识心理学中的因果效力来自媒介的实现，在常识心理学解释中的命题态度具有因果维度，而在垂直解释关系中具有表征维度。

---

① Fodor, J. A.. The Language of Thought [M]. New York: Oxford University Press, 2008, 58.

3.3.3　表征心灵理论视野下的衔接问题

表征心灵观点承继于功能心灵观点的因果关系在亚人层次心理学解释中实现，所以衔接问题的解决也要归于常识心理学解释与亚人层次心理学解释之间角色和实现者之间关系的表征。与功能心灵论者所支持的因果关系网络的思辨不同，表征心灵论者将因果角色的实现诉诸内在思维语言的计算过程，这是纯粹的有限规则下算法，与亚人层次心理学解释的机制性解释一样属于物理性机制主义。通过上一部分的论述，我们知道命题态度的实现对应于亚人层次内在思维语言的句法操作，尤其计算机领域图灵理论的提出更为命题态度在计算层面的实现提供了其他学科的佐证。

基于图灵理论，图灵将人在纸上的计算过程设计为图灵机，总共由四个部分构成：（1）图灵机是由一条被划分为一个接一个的小格子的无限长纸带TAPE组成，纸带每个格子上内刻一系列的符号，其中一个特殊的空白符号，从左到右的空格被依照顺序编号为0,1,2,……，一直到无极限。（2）在特定时刻，图灵机的HEAD在纸带上左右移动读写格子上的符号，可执行有限的简单数的操作。（3）图灵机器都拥有一套控制规则TABLE。它将所指的格子上的符号根据当下的读写情形，像函数一般来决定下一步的工作方式，重新形成状态存储器数值，从而形成图灵机的下一步状态。（4）图灵机可以将当前所处状态保存在状态存储器中，此外，停机是图灵机中有限状态的一个特殊状态。

依照图灵机的设想，会有一个终极图灵机器凭借一定形式系统内的句法操作，可以有效地实现所有计算功能，通过计算实现所有的状态。图灵机器为我们展示了句法操作实现符号语义属性与其因果属性的联系的可能性，为我们提供了理解句法操作产生因果关系的一个鲜明事例。

以符号作为心理表征这一假设在图灵机上找到合理性动机，于是福多认为："计算中符号的因果效力得以实现，利用的是句法属性和语义属性之间的对照关系。只有存在心理符号，比如只要心灵个体具有语义属性和句法属性……必然存在心理符号，因为只有符号可以表示句法，截至现在心智理论所要求的就是将心理状态视作一个句法操作的机器。"[①]

回归于心灵表征途径，依照表征心灵的观点，衔接问题的解决在于命题态度在心理状态中符号的操作，通过物理机制的计算过程，基于复杂的符号表征机制因果性操作实现心理状态（对应于图灵机状态）。简言之，复杂的符号就是所有命题态度的媒介，符号之间操作关系模拟命题态度内容和态度之间的关系。

3.3.4　小结

基于物理机制的形式系统，通过内在思维语言符号的操作来实现命题态度对应于亚人层次心理状态上的角色，从而满足个人层次常识心理学解释的因果效力，这就是表征心灵观点就衔接问题的解决想法吸取语言学中语言的表征特性，表征心灵观点将心理状态视作内在语言符号的操作过程，在软件和硬件之间形成一个有关算法的规则系统，强调了元语言的核心地位。就像不同硬件执行相同软件一样[②]，福多等人认为心理状态可以用其他物理系统来实现，未必是生物基础。

表征观点和功能观点之间有两个基本不同点。第一，表征观点能够准确区分内容和态度，而这在功能观点中不可行。第二，表征观点以一个功能观点不能识别的方式识别出内容媒介层次结构。还有一个表征观点的方面我们

---

① 　Fodor, J. A.. Psychosemantics: The Problem of Meaning in the Philosophy of Mind [M]. Cambridge, MA: MIT Press, 1987, 127.

② 　Block, N..An Invitation to Cognitive Science [M]. Cambridge, MA: MIT Press, 1995, 30.

没有触及，那就是它对思考机制的论述。要理解思考如何发生，只是理解一个信念或欲望是如何在中枢神经系统被实现是不够的。我们也需要理解命题态度之间转换发生的机制，和命题态度如何生成行为的机制。心灵的功能性观点相对简单地论述了思考的历时性机制。命题态度由物理结构所实现，这个结构和实现其他命题态度的物理结构因果互动。这些因果相互作用构成了思考。从另外两个信念推断得出一个信念（相信 p）的原因是，实现信念 q和 r 的物理结构共同导致了实现信念 p 的物理结构。表征心灵的观点接受了这一个基本模型，但是借助结构同构来重新解释这个模型，它在内容和媒介之间识别同构。

一个信念的功能角色概念不是真的合理，如果它是这个导致深一层信念 q 和 r 的信念 p 因果角色的一部分，那它必须在某种意义上合理地相信信念 q和信念 r，只要这个人相信 p。这可能是因为 p 蕴含 q 和 r——或可能因为 p让它们更有可能。无论哪种方式，这个信念的因果角色必须反映合理的关系，在此关系中信念可形成其他信念和其他心理状态。功能途径假设认可的一些东西，它可以解释，没有的一些东西也可以解释。

当然心灵观点和功能心灵观点也有一定共同性，皆认为心理学解释中一个层次的功能性角色同时可以是上一层次的实现者，而这个角色的实现者在下一层次。其核心思想是基于不同心理学的科学视角，通过同一个心理状态的不同视角的解释类比，来找到一个所有学科认同的非因果关系的理论角色与其实现者。表征心灵观点对个人层次心理学解释的功能实现只限于常识心理学解释，但是从广泛意义讲，个人层次心理学解释中有一些社会理解的能力和社会协调的方式不涉及命题态度心理学机制，比如之前提及的针锋相对启发式、社会脚本和惯例以及发现和感知情绪状态的机制这三种，然而从本体论来看这些常识心理学机制也是心理状态的一部分，并且符合命题态度"宽"内容的定义，那么是不是可以通过意向性的分析来阐释其与命题态度之间的关系？此外，亚人层次心理学解释也存在一些绕开心理状态的独立认知机制，诸如达尔文模块、专有的神经回路以及亚人机制模块，这些也是命题态度可以尝试扩张的研究领域。

但是，表征心灵观点下的思维语言假说中"元语言"又是从何而来呢？难道还需要更加原始的语言存在，成为元语言的谓词及真理规则，福多认为元语言是先天属性，不是后天习得，但是对于先天内在思维语言如何获得也没有明确说明。另外，维特根斯坦曾指出日常语言的谓词结构是开放式的，命题的谓词边界具有模糊性，因此常识心理学对命题态度的真值判定也往往是相对于语言环境而言。然而，表征心灵论者将心理状态的表征视为计算，是依照一定的机制，通过谓词的真值规则来理解心理状态是欠妥的，意味着机器也不可能模仿人对谓词的使用方式。故而将角色和实现者之间的因果关系视作计算是否合适呢？最后，如果现实不存在类质同象，那么在一个层次就不可能确定实现另一层次角色的实现者，自然而然表征心灵的观点就需要修正。①

---

① Clark, A., Karmiloff-Smith, A.. The Cognizer's Innards: A Psychological and Philosophical Perspective on the Development of Thought [J]. Mind and Language, 1993, 67.

3.4　神经计算心灵理论解决方案

　　神经计算心灵论正好和自主心灵论观相左，正处在功能心灵论和表征心灵论的两端，其中的代表人物丘奇兰德提出了常识心理学的取消主义观点，认为常识心理学从本质上看是失效的[①]，与自主心灵论者所认为常识心理学本质上是标准理论的观点恰恰相反。神经计算心灵观点源自神经科学的成果，基于纯粹的大脑工作原理，不赞成功能心灵观点和表征心灵观点所提出自上而下方式来理解心灵。他们认为常识心理学会伴随我们对神经系统的科学知识一起进化，常识心理学和亚人层次心理学解释等层次之间的界限不固定，是可塑的。因此，我们应该将个人层次心理学解释和亚人层次心理学解释之间的关系看作是相互作用和影响。

　　神经心灵观点的代表人物有丘奇兰德和谢诺沃斯基。虽然之前的自主心灵理论、功能心灵理论和表征心灵理论都认为无法从神经系统的研究中找到解决衔接问题的路径，但是这些抽象层次的因果关系实现皆在脱离大脑的科学解释层面探讨。

---

　　① Churchland, P. S., Sejnowski, T. J.. The Computational Brain [M]. Cambridge, MA: MIT Press, 1992, 9-10.

3.4.1 丘奇兰德和谢诺沃斯基的协同进化理论

丘奇兰德和谢诺沃斯基不认可有关认识心灵不需要神经科学帮助的二元论思想，他们展现了许多有关认知思维的经验之谈，认为心理状态的实现不应该基于内在思维语言的计算，否定思维语言假说的符号结构。大脑中枢神经系统存在上亿同时发生的神经细胞连接，而不像计算机一般以序列方式计算。在他们看来，在现实框架下神经系统足够高效的操作远胜简单的连续计算操作。

基于伦理道德和科技手段的限制，我们不可以直接研究人类的大脑神经系统，但是可以利用 2.2 与 3.3 所提到的间接研究手段建立起特定大脑区域和认知任务之间的联系，同时结合对动物大脑的电极植入式直接研究，建立起大脑的功能及表征区域图谱。通过研究神经细胞之间的相互作用和协同关系实现对心理状态的功能表征，从而构建起神经区域模型来实现常识心理学解释视阈下的角色。相比于表征心灵观点的电子计算系统，丘奇兰德和谢诺沃斯基认为通过参考最新的科学发展成就，发现科学之间是协同进化的过程，不同的学科就心理学现象的研究彼此交互影响，这些理论间的关系远比由上而下模式来得复杂，于是提出了所谓的"协同进化研究意识理论"来建立关于心灵的理论。[①]

热力学和统计力学的协同进化统一过程为常识心理学解释与其他学科心理学解释的统一提供了最好的佐证，可以从克利福德·胡克（Clifford Hooker）就不同理论之间还原的探讨中找到灵感。

对热力学属性和规则基础的构建尝试已经影响到相应的统计力学的数学

---

① Churchland, P. S.. Neurophilosophy: Toward a Unified Science of the Mind/Brain [M]. Cambridge, MA: MIT Press, 1986, 12.

发展。例如，在玻尔兹曼（Boltzmann）所创立的熵与热力学熵之间的差异性促使吉布斯（Gibbs）熵的发展，并且对平均统计数量和导致热力学价值间的匹配尝试促使了便利性理论的发展。相反，在将"返回"融入统计力学结构过程中，热力学本身经历了一个浓缩过程。例如，不同类型的熵被融入"返回"机制进入到热力学，它们之间的差异形成了吉布斯熵就矛盾解决方案的基础。通常，将热力学转变成为一个一般化统计理论的工作正在进行中，虽然保留了其传统概念理论，而且有希望这个过程会允许热力学延伸成为非均衡进程。[1]

与热力学到统计力学的顺利融入不同，两个理论之间的根本性紧张关系导致每一个理论的被修改和重塑，不存在单一方向的解释，而是一个双向互动和统一的过程。热力学和统计力学的关系为神经计算心灵论者提供了相似的参考和具体的案例。丘奇兰德等人成功地借鉴了这个想法，并尝试勾结符合神经系统功能的联结主义模型（也被称为平行分布模型或神经网络模型）来实现心理状态在大脑中的处理。

丘奇兰德和谢诺沃斯基着重强调由下而上的"约束"概念，认为心理状态在神经层面的操作实践，会附加"约束"到高层次的认知机能。个体的认知机能和能力会随着时间逐步进化，而伴随年纪增长及生理机能衰退，认知机能也会降低，所以应该对人类的认知能力形成一个历经时间长河的动态研究视野，从我们如何形成认知能力到怎么伴随时间而恶化。所以常识心理学中单个心理状态的研究已经不能满足对心理学解释统一的需要，只能扩大到个体的整个生命周期中，以认知的形成到恶化的整个演化过程为对象来探讨衔接问题。

例如，语言的学习过程就有一个进化特性的动态轮廓[2]，正是探讨神经网

---

[1]　Hooker, C. A.. Towards to a General Theory of Reduction. Part I: Historicaland Scientific Setting. Part II: Identity in Reduction. Part III: Cross-Categorial Reduction [J]. Dialogue, 1981, 49–51.

[2]　Barrett, M.. The Handbook of Child Language [M]. Maiden, MA: Basil Blackwell, 1995, 78.

络模型的最佳对象。在神经计算心灵观点看来，神经网络模型与真正的中枢系统有很多相似的局部地方，因此可以将其作为心理信息的加工模型，认为神经网络模型优于并取代表征心灵观点的符号表征，就像统计力学取代热力学一样。先不论神经计算心灵论中取消主义支持者的观点是否合理，但是其对由上而下解释模式的反驳更强有力，更重要的是提出的"协同进化研究意识理论"为心灵的重新认知提供新的视角。基于此，我们深刻理解心灵不再是一个静态现象，其中的因果关系会随着认知能力的进化而不断改变，将认知能力视作动态发展的存在也符合发展心理学的观点。更重要的是将"约束"概念的引入，让我们对心理学解释的认知更加深刻，也给角色 / 实现者之间因果关系的重新认识打开了一扇门。

3.4.2　神经计算心灵理论的"人工神经网络"

人工神经网络是利用数学计算机的强大资源构建的数学模型，有时也被称为联结主义模型，在神经细胞水平上模拟脑神经系统结构和功能的人造系统。人工神经网络中的计算是神经计算，而不是电子数字计算中的符号计算。最早可以肇始于神经学家麦克·罗克（Mike Rock），之后到了 20 世纪 80 年代复兴于霍普菲尔德（Hopfield）所提出的离散和连续的神经网络模型，开创了人工神经网络研究的新格局，这一研究领域目前已取得惊人的发展，一方面得益于人工智能的发展，另一方面又涌现了新型技术手段，如 VLSI 技术、分子生物技术、超导技术和光学技术等。

3.4.2.1　人工神经网络的特征

人工神经网络模型是对大脑神经系统的模拟，而不是真实反映，它由作为单元的神经元做基本成分。在人工神经网络中，这种理想化的神经元通过对输入信息的整合，经过隐藏单元层处理后输出。整体体现了生物神经系统的处理信息特征，如"多输入—单输出"的结构特性、"整合—激发"的功能特性，以及能记忆和学习的特性等。[①]首先要明确人工神经网络模型的一些特征，为衔接问题的思考奠定基础：（1）平行处理信息结构：一个人工神经网络是由大量可以处理简单信息的单元连接而成的非线性系统。每个单元代表一个神经元，根据每个单元激活情形的不同，分为由一个实数来表示—1和1。相同激活值的单元被组织起来形成一个特定的激活值层，这个激活值层的所有单元共有这个激活值。激活值决定着这个层次是否参与信息处理，这样的非线性系统允许单元群的并行处理，单元群的同时激活以及随之通过网络层次的激活传播，又支配着整个网络中信息的处理。（2）权值学习：信息存储在网络中相关单元的联接权值上，相关的单元是由指定的输入单元的联接途径所决定的，在个体神经元之间的联接权值可以通过学习来修改，因此由于权值的改变，其网络具有可塑性和自适应性。这个联接权值是哪些单元的联接呢？指定层次的每个单元有和前一层次单元群中单个单元（除非它是输入层面的一个单元）联接，并且和下一层次单元群中单个单元（除非它是输出层的一个单元）联接[②]。这意味着即使同时存在的多个网络是由相同数量单元，这些单元被组织成相同层的集合，而且这些单元之间的联系相同，但是每个网络表征了不同功能，因为每两个网络中单元之间所持的权值不同，即信息不同。（3）非线性的差异与协同：我们已经明白一个单元与另一个单元之间没有内在差异，不同的是存在于单元群之间所持联接的不同。这和大脑的神经突触权值一致，依靠神经元的联接强度存储和获取信息，既具有非线性的信息处理能力，也拥有互相匹配解决复杂问题的能力。（4）软件和硬件的特异性：人工神经网络的权值是被训练的，而不是编程，因此可以由超

---

① 高新民，付东鹏. 意向性和人工智能 [M]. 北京：中国社会科学出版社，2014,179.
② McLeod, P., Plunkett, K. and Rolls, E. T.. Introduction to Connectionist Modeling of Cognitive Processes [M]. Oxford: Oxford University Press, 1998, 115.

大规模集成电路硬件来实现其功能。它们通常由一般性的学习算法构成，通过改变单元之间的联接权值，以在适合输入情形下的所需输出方式，因此在同时输入大量的不同控制信号时，还可以整合不同信息，解决信息之间的互补问题。

3.4.2.2　人工神经网络的拓扑结构

根据 1.2.3.2 中神经系统的拓扑结构分析，可将人工神经网络设计为由若干层次构成，每一层具有相当数量的单元，与相邻层次中单元连接，并且同层的单元之间不能相连。

先介绍最基本的前反馈神经网络模型①，这个结构至少有三部分，第一层面是由输入单元组成，它接受来自网络之外来源的输入；第二层面是由所谓隐藏单元组成；第三层面是由输出单元组成，它将信号输出网络。隐藏单元是非线性函数，对人工神经网络的计算能力至关重要。没有隐藏单元，网络仅仅能执行有限类别的计算任务。

但是依据硬件支持的人工网络实际上是如何工作处理信息的呢？信息需要经过人工神经网络激活的不断层次传播得以处理，网络中的每个单元拥有一个激活水平，判定这个单元是不是隶属于这个激活值层次的单元，我们可以把这个过程分为三个阶段，从输入单元的指定激活值，通过隐藏层次的激活处理，到最后在输出单元层次输出一个相应的激活值。整个网络的输入就是整个输入层的激活值，来自外界的刺激形成的输入激活，通过和现实脑神经科学所发现神经发电对比，在某种程度上可以假设这些激活值对应单个神经元的放电，在计算层面用数字— 1 或 1 来代替放电与否。在计算中构建相应的人工神经网络模型，需要用数字向量来替代激活值，同样在人工神经网

---

① 　Churchland, P. S., Sejnowski, T. J.. The Computational Brain [M]. Cambridge, MA: MIT Press, 1992, 125.

络的计算建模的输出端也有一个激活值作为结果，这个也可以被视为另一个向量。所以，网络中的信息处理可以被认为是一个向量到另一个向量的转变。

一个人工神经网络的激活扩展过程遵循着一定原则，即由每个单元激活值向前通过网络传递到其所连接的每个单元，并且不同的连接有不同的"强项"[①]。我们可以将连接看作加强或抑制。这通过单元之间连接的权值反映在网络的数学中。这些权值既可以是增加单元个体激活值的正向权值，也可以是减少单元个体激活值的负向权值，通过将连接的激活值传递到接收单元就等于是传送信息的过程。对于其他层次单元传送来的激活值，经过激活函数的处理，形成属于这个单元的指定激活值。麦克劳德（Mcleod）对此进行了图示分析，图3.1中可以阐明发生在隐藏单元上的这个过程。

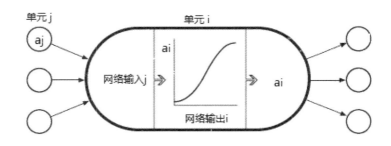

图 3.1　单元 i 的操作

表 3.2

来自上一层的 一体化输入	转换网络输入 的活动层	传送活动层到 下一层单元

（1）从前一层面集合输入到创立一个净输入；（2）使用一个激活函数将

————————
　　① Mcleod, P., Plunkett, K., Rolls, E. T.. Introduction to Connectionist Modeling of Cognitive Processes [M]. Oxford: Oxford University Press, 1998, 119–121.

净输入转换为一个活动水平；（3）输出活动水平作为下一层面单元的输入。①

如图 3.1 所示，信息处理的第一步是计算隐藏层面的净输入，它是隐藏层前一层次单元的总激活值。净输入往往是上一层的激活值达到一定阈值的输出，这个与斯坦尼斯拉斯·迪昂（Stanislas Dehaene）就刺激显著性的三成分模型是一致的。这个模型包含阈下加工、前意识加工和有意识加工（觉知）三部分，只有当刺激足够显著，并且信号由自上而下的注意过程所扩大时，它们可以越过觉知的阈限。② 所以输入单元的输入激活值一定是超过了一定的阈限，并且存在不同类型阈值函数，存在一个简单开关保证单元关闭或最大限度地激活。

图 3.1 中所阐明的是更加复杂的双弯曲函数。这个双弯曲函数表面，激活值增加速率的不同取决于净输入在多大程度上接近可能最大值。激活函数的函数值是下个单元的输入值，如果处理单元是一个隐藏单元，那么自身会强化这个激活值，并成为网络下一步单元群净输入的部分。前一激活值输入函数后再成为下一单元的输入，延续往复直到输出层次。

3.4.2.3　人工神经网络的容错性

人工神经网络这种分布式储存范式表现出很好的容错性，即使神经网络中一部分内容是残缺模糊的信息，也不会对人工神经网络的整体信息处理造成太大的影响。这是由其特有的容错结构所决定的特质。

人工神经网络具有自我检查的功能，面对不精确的、不完整的信息，可自己检测和识别，可以通过不断的训练和学习处理输入的信息欠缺问题，并且之前的处理过程信息会保留成为下次自组织学习的基础。对人工神经网络而言，自我学习的范式基本一致，通过不断的训练和误差的反向传递范式来

---

① Mcleod, P., Plunkett, K., Rolls, E. T.. Introduction to Connectionist Modeling of Cognitive Processes [M]. Oxford: Oxford University Press, 1998, 16.
② 〔美〕葛詹尼加，周晓林译．认知神经科学 [M]. 北京：中国轻工业出版社，2013, 478.

识别外界的改变，从而自动调整网络结构参数。经常用到的训练方法被称为"反方向错误传播方式"，与其他的方式一样，网络"学习"是通过减少其带来的误差程度让实际输出接近于所期望输出，通过一系列冗长小增量地减少误差以实现最终期望的输出。实际输出和所期望输出之间必然存在分歧度，是有关分歧度在单元之间权值的一个函数，于是每个单元之上误差度的减少便可以通过修改权值的强项来实现。

如果人工网络只有两层单元，则很容易发现权值可被修改而减少整体性错误。我们从输出单元的错误开始，如果我们只有一个输出层面单元和一个输入层面单元，那么每个输出单元的误差程度将显而易见。所期望的输出对输出单元会是一个特殊的激活值向量，并且实际输出会是一个不同激活值的向量。所以从另一个向量减去一个向量会产生进一步的向量，可以指出每个输出单元的误差程度。一旦我们知道每个输出单元的误差，就会非常清楚如何消除它。假设输出单元之一的激活层次相对于输入单元的激活程度太低，为了减少误差，相对于所连接输入单元的激活程度我们需要增加输出单元的激活层次。我们可以通过增加导致输出单元的积极连接来增加权值——并且减少导致它的负面连接的强度。类似地，如果输出单元的激活层次太高，那么减少误差的方式是减少积极权值强度，并增加负面连接的强度。它很简单地设计了一个算法，可以计算误差程度并对相应权值作出调整。①

然而，当应用训练方法到大部分人工神经网络时存在一个严重的问题。随着层次梯度的下降，误差的学习方法依赖于每个个体单元的误差程度。如果我们不知道每个个体单元的激活层次，那么就不知道如何修改人工神经网络的内在权值，这意味着在隐藏单元中的训练方法就不适用于此网络。面对隐藏单元层次的这种不可知性，我们有什么办法对隐藏层次的错误进行计算

---

① Bechtel, W., Abrahamsen, A.. Connectionism and the Mind[J]. Oxford, Black-well, 2001, 71-85.

评估呢？其实反向传播计算就可以做到，只要暂时没有相对隐藏单元而言的目标激活层，就可以对隐藏单元中一定程度错误进行反向计算和评估，这是当代人工智能已经能够实现的计算路径。

方法的假设是：每个隐藏单元连接着一个输出单元，承担了输出单元错误的一定程度"责任"。例如，如果一个输出单元的激活层次太低，那么这可能仅是因为隐藏单元的不足激活扩展到了所连接单元。这给了我们一个分配每个隐藏单元误差的方式。从本质上讲，就与责任相关的输出单元的误差而言，一个隐藏单元的误差是其责任程度的一个函数。一旦这种程度的责任和由此产生的误差水平，被分配到一个隐藏单元，就可修改单元和输出单元之间的权值，减少这种误差，这种方法可以应用到尽可能多隐藏单元的层次。我们开始于输出单元的误差层面，然后逐级将错误分配到隐藏单元的第一层次。这允许网络来修改隐藏单元第一层次和输出单元之间的权值，并继续分配误差到隐藏单元的下一层次，所以误差被迭代向下分配通过网络直至到达输入层面。[①]最重要的一点是虽然激活和误差是通过网络传播的，但是激活通过网络向前扩散（或至少通过前反馈网络），而误差是反向传播的。在这样不断交互作用下，新的人工网络不断涌现，并由于自学习能力，人工神经网络也拥有了真实生物的部分适应力。

例如当代科学发明的矿石探测器，其网络是依据神经计算观点设计的神经网络探测器，属于标准的前馈网络，并以反向传播学习算法来训练修改误差。虽然网络在培训阶段接收有关其输出准确性的信息，但是它没有早期所发生的记忆。更准确地说，早期训练的唯一痕迹存于整个网络所持权值的特定模式中。网络中每一次所提出的错误输出，例如将一块普通岩石当作矿石输出时，这个误差会通过网络反向传播，重新调整权值来减少误差，最终

---

①　　Rumelhart, D. E., McClelland, J. L.. Parallel Distributed Processing [M]. Cambridge, MA: MIT Press, 1986, 337.

对矿石这一输出单元的精度可以达到 90%。

从人工神经网络对错误的修正可知，这是一个协同进化的研究机制，由下而上探讨认知的形成过程，同时由上而下修正认知的错误。

3.4.3　神经计算心灵理论视野下的衔接问题

神经计算心灵论者认为在神经科学领域通过大规模建模取得巨大成果的背景下，可直接或间接地掌握神经系统区域和功能之间的映射。甚至在动物大脑中通过微电极的直接植入获得单个神经细胞的电活动记录，从而获取并记录个体神经元的活动层次和特定行为之间的关系。基于此，神经心灵观点拥有了建模方式，而不是直接的实证论证。出于计算的易处理和效用性考虑，将相对对象的生物细节抽象成数据，从而构建生物神经元和神经元整体模型。这些模型有时也被称为联接主义网络（或人工神经网络），它们是利用现代数字计算机的强大资源构建的数学模型。[1]

基于人工神经网络模型在心理学解释层面的优势，表征心灵观点中一部分人认为常识心理学意向性解释是一种虚假论，其代表人物是丘奇兰德和谢诺沃斯基。他们认为常识心理学解释对其本体论的承诺上存在明显的不足，其中心理状态所涉及的信念和期望等命题态度等同于物理学中的燃素，皆被证明是假象。日常生活中使用更多的是充当工具主义的角色，事实上其因果解释力来自神经系统，直到现今人工神经网络的认知构建，成了常识心理学解释最后的绝唱。他们认为人工神经网络可以构建意向性，从根本上实现心理状态的语义表征，对常识心理学持取消主义态度，特别强调民间心理学将被取代，不是简单的还原，而是彻底被神经科学的成果所取代。

---

① 　Churchland, P. S., Sejnowski, T. J.. The Computational Brain [M]. Cambridge, MA: MIT Press, 1992, 7.

　　但是，取消主义的论点被塞尔（Searle）的"中文屋论证"所否定，因此还有一派人观点相对温和，认为人工神经网络具有生物学合理性，可以充当个人层次常识心理学解释和亚人层次心理学解释之间的桥梁。常识心理学解释的因果效力体现在命题态度上，就是语义的如何实现问题。与表征心灵观点对静态命题态度语义的实现方式不同，人工神经网络从发展心理学的角度，通过模仿婴儿学习语言的方式来实现命题态度的语义，简而言之，以效仿语言学习历程来实现语句的意义。

　　孩子语言学习过程是最佳的心理学解释研究对象，既可以验证语言学习机制的合理性，也可以辅助增强对语言功能的认知。鲁梅尔哈特（Rumelhart）和麦克利兰（Maclelland）指出，"好的语言学习理论至少可以为规则动词和不规则动词的掌握提供解释，如何正确掌握英语中动词过去式的使用要经历三个阶段：第一阶段，年轻语言学习者可以使用少量常见单词的过去式（比如'got'、'gave'、'went'、'was'等）。大多数动词是不规则的，并且孩子靠死记硬背学习。第二阶段，孩子会使用很多过去式动词，其中少数是不规则，但大多数是以'-ed'结尾的规则过去式。这个阶段他们可以给新的单词加'-ed'词根表示过去时态。这时期对不规则动词过去式不时犯错（比如'gave'说成'gived'），这些错误是超规则错误。第三阶段，孩子在提升自身规则动词的能力同时也可避免这些超规则错误的再发生"。[①] 整个过程经历了从死记硬背到普遍规则的学习，再进一步掌握非规则动词的特定规则。要论证个人层次心理学解释中的语言学习能否被实现，主要看这个过程能否在人工神经网络模型得以实现，更准确的是看人工神经网络可否复制超规则现象。

　　实验证明，由鲁梅尔哈特和麦克利兰首创的神经网络模型可以实现。在

---

　　① 　Rumelhart, D. E., Maclelland, J. L.. The PDP Research Group. Parallel Distributed Processing [M]. Cambridge, MA: MIT Press, 1986, 77.

没有特意设立任何有关动词过去式构成规则情形下，这个网络可以重现动词过去式出错的特征途径，也就是说可以复制超规则现象。如图 3.2 所示，人工神经网络起初快速学习规则和不规则形态，但不规则动词的使用表现在第十一次训练后突然滑落，规则动词使用能力保持持续提升。最后神经网络就规则动词和不规则动词使用正确率都很高，而且比较接近：

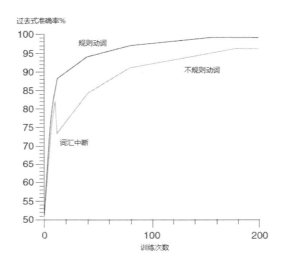

图 3.2　鲁梅尔哈特和麦克利兰的英语过去式习得模型中规则动词
和不规则动词的表现

基于此，计算心理观点认为人工神经网络可以对认知成功建模，符合个人层次认知心理过程在神经层次实现的机理。但是，有关语言规则的建立还不能推演到对整个语言学习系统的模拟，何况这个模拟可能只是对语言学习有关规则形式和测试的模拟，并没有忠实地反映语言学习实质。

3.4.4　小结

与之前的心理状态表征的心灵观点不同，人工神经网络抽象自神经功能的许多生物细节，希望捕获一些管理大脑关键工作方式的一般性原则。它们与传统的复杂表征不同，不需要求助于诸如小人、模块或中央处理器这类概念，表征不可能像表征心灵观点中那样以符号形式存在，只能分布式存在于神经元的动态连接之中。此外，不同于内在思维语言符号的非连续性特征，联接主义模型是连续性描述，"模型的分析中最有力的是连续性描述"[①]。

取消唯物主义作为丘奇兰德观点，在心灵整个认识论范畴处于一个极端的立场。他认为常识心理学伴随着与亚人层次心理学解释的协同进化，结果是常识心理学被这些亚人层次理论所取代。丘奇兰德的取消主义不是仅仅试图说服我们相信消除唯物主义是真理，神经计算心灵观点给常识心理学的未来思考提供了巨大想象空间，并且认为亚人层次认知理论必须和亚人层次认知机制理论协同进化。鉴于我们对大脑高层次认知功能是如何在神经系统中实现的细节知之甚少，于是有人认为一定程度的不可知论对待共同协同进化的结果将是一个可行的建议。

依照神经科学的研究，除非我们理解了大范围脑区域和单个神经元之间组织层次是如何工作的，否则我们不可能理解认知。[②] 有些人认为认知的研究可能落入不可知论的窘境，对此神经计算心灵观点的支持者们认为 2.3.3.3 部分内容所提及的研究手段足以打消这些人的疑虑。但是，从一个研究大脑的适当层次来讲，研究单个神经元如何运作，甚至在细胞和分子水平的更低层次的研究几乎是不可能的，同时目前的研究手段是研究神经元的整体活动。虽然相比于 PET 和 fMRI 提供的问题研究手段，新型的研究方式 ERPs 和 ERFs 的记录在信息方面更有优势，给神经活动提供了一种更加精确的时间历程，但是来自 ERPs 和 ERFs 的信息仍然不够细致，而且反映的是神经元总体

---

① 　Fodor, J. A, Pylyshyn Z. W.. Connectionism and Cognitive Architecture [J]. Readings in philosophy and cognitive science. MIT Press, 1993, 69.

② 　Bickle, J.. Philosophy and Neuroscience: A Ruthlessly Reductive Account [J]. Dordrecht, Kluwer Academic Publishers, 2003, 51.

场电的诱发电位。另外，还没有提供总场电位是如何让单个神经元产生活性的洞察范式。正如所预料那样，神经网络模型在计算易处理和生物合理性之间有很多取舍，并且还有非常现实的有关人工神经网络和真正神经网络模型之间匹配度的问题。

最后关于常识心理学解释的合理性、连贯性和一致性特征，要求命题态度在心理状态层面存在表征，既有句法属性又有语义属性，而且心智可以做出演绎推演的能力，这些在人工神经网络上都没有体现。福多曾说："一种包含丰富经验的认知理论要认识到，不仅有表征状态的因果关系，还有句法和语义的一致性关系，所以就其心智特征来说不可能是联接主义。"[①] 依照福多意见，联接主义也不能实现命题态度在亚人层次心理学解释上的因果关系。

---

① Fodor, J. A, Pylyshyn Z. W.. Connectionism and Cognitive Architecture [J]. Readings in philosophy and cognitive science. MIT Press, 1993, 116.

3.5　评析四种心灵哲学观点

以上内容通过四种不同心灵哲学观点来引导深入思考心理学哲学的解释问题。每一种观点都包含了一套不同的隐喻和工具，尝试给出思维及其与大脑和环境关系的答案。不同的观点围绕头脑展开不同侧面的哲学分析，并分别提供一种特殊的方式解决心理学解释衔接问题。自主心灵观点提出了缩小问题，认为在不可掌控的常识心理学解释与不同亚人解释层次之间从根本上就无从比较。相对而言，其他三个观点采取了一个更积极的方法。功能和表征心灵观点对常识心理学性质采取了一个相对稳固的观点，提出了由上而下方式运作，参考了常识心理学亚人层次的媒介物。相比之下，神经计算观点的支持者提供了一个协同进化的研究项目，由上而下同时由下而上，常识心理学和我们对认知神经基础的理解协同进化。

另外，功能心灵观点主张因果关系是最重要的关系，不侧重于特定的认知能力，而是强调个体心理状态的因果维度，通过所谓的角色/实现者关系来显示在亚人层次心理学解释中发生的心智活动如何与常识心理学的个人层次心里状态产生因果相关性。而神经计算心灵观点侧重将人工神经网络做计算机式的隐喻，通过计算加工形式来处理人类认知活动及表征各式认知能力，并使用计算的思想作为连接不同层次解释的类比模式，强调正确运行程式的计算机可涌现出心智活动或其他认知行为的相似状态，认为计算规则掌控了人类的推理过程。虽然功能心灵观点和表征心灵观点试图通过各自的视角解决不同层次衔接的界面问题，但自主心灵观点和神经计算心灵观点则尝试以不同的方式来削弱界面问题提出的合理性。自主心理观点凸显了个人层面心理学的独特性和不可简约性，这一独特性源于理性规范所宣称的个人层面心理学。相反，神经计算心灵观点强烈地致力于将心智活动归属于大脑，并接受我们心智思考必须与对大脑的思考相互保持一致，从而导致常识心理学层面的认知活动和行为理解方式产生重大修正。

心灵的每一种观点分别强调认知的不同方面，并在不同范式层面上工作。第一，自主心灵观点以最复杂的理性反思和思考形式作为其认知范式。自主心灵观点所突出的思维类型不是简单地由规范管理，而是以涉及反映理性规范所强加的要求的方式由规范指导。第二，功能心灵观点却对思维的动态有因果的看法。功能心灵理论的范式是行为产生中信念和欲望的相互作用。面临的挑战主要是如何解释逻辑转换可以经由因果转换来实现。功能心灵观点把心理状态之间的因果转换作为基本要素，并将关注点放在如何通过因果转换来描述心理状态的特征。第三，表征心灵观点背后的一个基本思想是，句法实体之间的形式转换可以跟踪语义转换。这主要与有助于被编纂成形式模型的思维语言类型有关，如预期效用理论或演绎逻辑，表征心灵观点主要是以逻辑的方式看待思维。第四，神经计算心灵观点强调了人们可能认为的低水平认知机制。这种自然的假设是，高水平的协同效应必须通过复杂的计算机制来实现，这一点是有争议的。它强调了执行模板匹配和模式重新排序操作的令人惊讶的简单机制的解释力。神经计算观点的合理性在很大程度上是一个函数，它是一个人如何被具有更高认知能力的神经网络模型所说服的函数。

事实上在某种程度上，四种观点也采用了大致相似的策略，即试图表明心灵作为一个整体来理解的模式上所青睐的范式思维。当然每种心灵观点也有相应的问题存在。例如，一种普遍看法是神经计算方法在演绎转换和概率计算方面会遇到困难，因为这些转换和概率计算被表征观点的支持者视为重要组成部分。当然，有种看法认为逻辑推理在一定程度上是模式识别的问题，因为只有当一个人能够识别在特定的上下文里凸显的某种形式规则，才能正确应用正式规则准确解读内容，而这往往是一个特定模式证明给定推断的问题。然而，形式逻辑推理的规则控制却往往导致很难用人工神经计算方法来精确捕捉信息，并作合适的反应。通过奇偶推理，人们会期望神经计算方法所强调的感知和识别能力为表征心灵观点带来改进的可能。尽管知觉过程无疑受规则支配，但这些规则似乎从根本上不同于思维语言假说中可操纵的僵化且正式的逻辑规则。不可否认的是，传统人工智能的研究人员在模拟正式和半正式认知类型方面确实取得了巨大成功，但这些认知类型在开发价值判断模型方面还需要进一步发展。

功能心灵理论者和自主心灵理论者的侧重点和立论的优先次序是不同的，也面临类似的困难。自主心灵理论者一般认为理论思考和实践推理会比心理状态之间的因果关系互动更多，所提出的还原简化观点似乎为心理学解释问题提供了一个合理的解释，就是由无数烦琐的推论和简单的未来预测构成了我们日常的心理生活。通过分析发现，神经计算心灵理论学者试图表明，认知实际上需要的规则控制和语言依赖没有早期人们预期那么多；而功能心灵理论学者可能试图表明，指导实际推理的规范可以用因果关系来解释。另外，有些观点试着通过在不同解释层次上找到多元方法来处理这种情况，像表征心灵观点学者认为其主张不存在与神经计算心灵观点的直接博弈，因为神经计算方法仅仅是亚人层次心理的"账号"运行。同样地，自主心灵观点学者也经常认为，功能心灵观点采用的因果关系方法更适合被视为是对认知的亚人层次心理状态的描述，而不是个人层次关于常识心理学的哲学思想。

一直以来，四种心灵哲学观点都首先承认了常识心理学的解释力，让所有的讨论是基于同一平台，以至于我们能够从四种不同视角的不同反应来解释常识心理学的解释框架，甚至分析其如何与解释层次中较低的解释框架相结合的问题。常识心理学是一种解释工具，通过各种解释路径来理解作为信仰、欲望和其他命题态度结果的行为。对常识心理学解释力的承诺自然也符合这样一种观点，即信仰、欲望和其他命题态度是"行动的源泉"。关于常识性心理学解释的最简单解释是，它们有效只因它们真实，换句话说就是，它们存在合理性源自其可以正确地识别真正导致所涉行动的信念和欲望，并作出合理的预测。

从四种心灵观点以及常识心理学分析情况看，我们都会意识到思维和认知过程十分复杂和多变。鉴于此，人们自然会产生怀疑，试图找到一个单一的整体解释，即将头脑作为一个整体来解决心理学解释的衔接问题是否真的是最好策略。因此，更明智的探索是尝试将不同观点提供的一些见解和分析结合起来。

第四章

心理学解释方案的融合建构

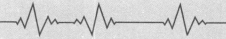

4.1　命题态度实现的困境

计算主义把人类的心智现象作为研究对象，通过计算表征的方式来构建模型，分别是经典计算主义和联结主义两大类，表征心灵观点就是基于经典计算主义的主张，人工神经网络的建构就是基于联结主义的主张。在个人层次常识心理学解释层面，命题态度是其中的核心概念，可以说除一般范畴行为类别的认知方式外，常识心理学的解释方式都是涉及信念和期望等心理状态的命题态度。之所以强调命题态度在联结主义中的建构，是因为命题态度既在表征维度为解释和预测行为时发挥标准解释效力，又在因果维度为常识心理学在亚人层次心理学解释中寻找实现者，可以说命题态度涵盖了常识心理学的合理性、连贯性和一致性的特征。另外，命题态度作为语言学的概念，可以连贯日常语言解释和分析哲学的命题范畴，具有哲学分析的优势。要想解决心理学解释的衔接问题，命题态度能否在人工神经网络上得以表征是关键。

4.1.1　内在思维语言表征的不足

以福多为代表的表征心灵观点继承图灵的智能观，认为心理状态的加工媒介是内在思维语言，它是命题态度在内心的对应。心理的内在思维语言也有句法和语义两种属性，像自然语言一样的存在，可以依照符号的排序表征命题。

福多曾说过"心理表征就是类似于语言的存在"。它是由内在的思维语言作为基本组成符号，构成命题态度在心理层面的成分。它是没有语义的符号，具有句法特征，但是依照福多的观点可以由其符号所构成的函数来表达语义。大脑直接将这些符号作为思想处理对象，类似于计算机系统中的符号。句法的特征同符号之间的排列方式密切相关，可以和命题的内容的结构成分一一对应，所以句法既是外在命题的对应物，也是内在思想的对象，具有二重性。在福多看来，符号的句法属性可以产生语义属性，它重新建构了两个概念，一个是内心可以拥有逻辑形式，另一个是这种逻辑形式可决定符号间因果关系。之所以这样，是因为内在思维语言是思维的处理符号，和计算机处理分析基于符号是一个道理，计算关系也可以产生因果关系。所以心理状态的表征是思维的对象，也是命题态度的对象。

从表现形式上看心理表征就是一个概念存在，同时具有句法（或语法）属性，但可以形成语义属性。心理状态的信息处理是依照一定规则运作的，代表外在世界的符号处理是"由规则或表征支配的过程"。①本质上看，这是一种基于形式主义的机械论。但是将内在思维语言和命题态度的同型性的观点不符合现实生活用语，在日常语言中，语义与句型不一致是常有的事情，如一词多义，一意由多词表达，在大脑的表征状态中，这种情况也存在。那么常识心理学解释中的语义性来自哪里呢？如果设想通过符号的不断向下层心理学解释传递，只能不断倒退，从而陷入不可知论的境地。

对符号意向性解释的乏力导致解释无法将表征和外在命题态度联系起来，就不能论证命题态度的意向性特质。像表征心灵这种符号计算那么抽象，

---

① Haugeland, J. (ed.) Mind Design [M]. Cambridge, MA: MIT Press, 1981, 24.

缺乏联系的纯句法表征是无法给出连续性的具体语义的。此外语义是具有内在感知的属性，单一句法符号是无法满足主观感受性要求的。

4.1.2　基于人工神经网络实现命题态度的价值

命题态度如何被实现对衔接问题的解决至关重要。基于自主心灵观点，我们已经理解常识心理学解释的性质和范围，并在 2.2.1 中详细阐述了常识心理学解释的基本概念和解释机理。心理学哲学视阈下的功能心灵观点和表征心灵观点都坚持命题态度存在，坚定地支持常识心理学解释在日常行为解释和预测的因果效力，关于这一点在 2.2.3 中有大概说明。这两种心灵观点持有者往往致力于一个基本主张，我们都是在常识心理学的框架中理解他人以及翻译他们的行为。

（1）衔接问题解决的需要

衔接问题的难以解决反映了常识心理学解释中命题态度在亚人层次解释方法论上的难以实现。在常识心理学概念中存在一个重要模糊，在 2.2.2 中提及命题态度所代表的"宽""窄"内容之分，相应地常识心理学也存在广泛说明和狭窄说明。广泛地说，普遍认为常识心理学包含了复杂的社交技能和能力，为我们理解他人和预测他人的行为提供支持。基于常识心理学广泛意义，命题态度的解释范畴就是常识心理学的解释范畴，那么衔接问题就是包含疼痛等感受机制，而这些从本质上讲是不含有信念和期望等命题态度的。从狭窄的解释意义讲，常识心理学解释的一些技能和能力不涉及利用命题态度心理学的机制，但也支撑着社会理解和社会协调，这些包括在 2.3.2 中所提及针锋相对的启发式、社会脚本和惯例，以及发现和应对他人情绪状态的机制这三种，而这些技能属于模板匹配，它们能否在亚人层次心理学解释层面得以实现也许要另外探讨。所以不论从哪个角度看待常识心理学解释，衔接问题都将变得更加复杂，因此衔接问题的解决也不见得只有唯一的路径。

这些社会理解和协调的复杂认知途径是模式之间的匹配，所以面对不同的常识性现象，需要甄别是求助命题态度心理学解释还是启发式解释。而且不同的模板匹配解释，其解决衔接问题的思考方式也不同，比如，用于检测和回应其他人情绪状态的机制需要涉及面部表情的识别机制，而针锋相对的基本规则开始于合作，然后只需要复制其对手的上一次行为便可，合作则合作、背叛则背叛，这可以求助于博弈论的观点。社会脚本和惯例也一样掌控着我们社会互动，需要从社会科学角度予以解决。如何解决模板匹配在亚人层次的实现对于衔接问题的解决也很重要，很明显人工神经网络和可以解决社会理解和社会协调的网络很相近，模块匹配的心理现象解释方式和人工神经网络表现的任务类型一样，那么如果发现特定行为能成功地由人工神经网络执行，就能判定这个过程在个人层次可以被看作是模块匹配。例如，脸部表情的情绪阅读就是具有联接主义计算特性的一种学习任务。

从这个想法出发，所有社会理解和社会协调的亚人层次实现可以依赖于人工神经网络，那对于命题态度在网络实现的研究就更显得有必要性了。因为只要命题态度在亚人解释层次也能被实现，衔接问题就迎刃而解。现状是基于命题态度心理学解释的社会理想和协作越来越多，相应地对个人层次心理现象的理解也越来越模糊。所以基于2.3.2对其他模板解释的肯定，我们应该将衔接问题的解决重点放在尝试构建命题态度的人工神经网络上。

这样解决衔接问题需要在两个层次给予回应，一是通过神经计算方式对常识心理学解释的外围予以表征，二是对核心解释方式命题态度的表征实现。这样同时涉及外围模块处理的输入和包含命题态度的核心处理系统的输出，可视为模块论和理论论共存。当然也有些感知和行动之间相对成熟的联系，包含了相对复杂处理形式，却完全地绕过了中央处理，这些是特定模块。这些连接可能是达尔文模块，或者其他专门的神经回路，比如骗子检测模板就是机制性解释，属于相关亚人解释方式的角色。

（2）时间限制的赋予

表征心灵观点的符号主义模型会忽略时间限制，这一点不符合代理人在解释行为时的客观实际。忽略时间就是忽略不同认知系统的差异性和来自进化认识论的局限性，比如科学心理学行为研究中发现个体面对不同对象时其理解反应时间和生理状况存在差别，他们将人的认知系统分为两类。自动化、非常快速、不费力的且不受自主控制的认知方式是系统一；需要注意力的参与，费力的心智活动，囊括复杂的计算过程的认知方式是系统二，而且个体之间的差异性比较大，这与个体的经验、选择习惯和专注力等主观经验有直接关系。当面对一个简单问题，如回答 1+1 等于几，代理可以直接给出答案 2，但如果问 123×321 等于几，这时答案就不可能直接进入代理的大脑，只能放慢思路专注地费力地思考，并且明显带有一种负担感。同一人面对的都是数学题，却表现出不同的时间量，这是两个系统最大的差异度。

时间差异度的表征可以在神经科学领域获得解码，其中有两种理论，分别是频率编码理论和计时编码理论。频率理论认为刺激中事件改编的信息是由神经元对该刺激作出反应的放电率所携带，编码理论则认为有关刺激的信息是由峰电位序列中相邻电位之间的间隔所携带，这些峰电位是通过神经元对刺激产生反应的。[①] 基于两个编码理论，我们就可以通过人工神经网络构建认知现象的时间差异性，对于准确解释心智现象非常有利。

另外，思维语言假说的支持者认为我们不能基于人工神经网络来理解命题态度心理学的因果维度，除非我们采取信念、欲望和其他态度的媒介来形成相关态度内容的同构结构。如果命题态度的媒介是内在思维语言的句子，这个同构需求必须得到满足，那么人工神经网络如何实现呢？

---

① 〔加〕保罗·撒加德，王姝彦译. 心理学和认知科学哲学 [M]. 北京：北京师范大学出版社，2016，383.

4.2　表征视阈下的命题态度：媒介与内容特性

基于常识心理学解释的研究，以及对个人层次心理学解释和亚人层次心理学解释之间关系的探讨，除了偏激的取消主义，其他观点都接受命题态度的存在。命题态度在水平解释中发挥了角色作用，在垂直解释中可以寻求被实现。各种不同的范式下命题态度的解释可以被多么精准地实现一直是值得探讨的问题，而且要想构建人工神经网络更是需要详细掌握常识心理学命题态度在亚人层次的媒介以及其内容特性。

4.2.1　命题态度的媒介

表征观点的特殊性表现在命题态度的物理媒介具有句子结构，不需要以自然或公共语言构成句子，而是由一种内在且私人的思维语言构成句子。当然我们不可能利用仪器探寻脑结构，找到类似语言的神秘文字，而是在 Marr计算层次形成的这个假设，不是在操作层次形成的假设。所有这些从人脑所发生的物理细节而来形成于抽象层次。申明认为在类比和抽象层次，很自然会想到命题态度可以参与的因果转换，我们需要将这些态度看成可以句子结构化的物理媒介来实现。我们已经看到内容与媒介层次结构之间的基本区别，但是对于一个物理媒介而言，为什么会有一个句子的结构呢？

　　句子的基本元素是其语义的基本元素，即它所涉及的概念，而不是所构成它的字母。我们可以将这些不同的物理元素看成内在思维语言，作为代理人表示命题中的语义基本概念。将这些物理元素描述成可识别的，意味着它们很可能形成其他物理结构，成为其他命题态度的媒介——就像"__的省会__"可以更广泛地出现在其他句子中，表达更广泛的信念。由构建成结构同构的概念这第二个要求使之成为可能。命题态度的媒介所构成的物理元素结合的方式，和单个概念结合来构成一个命题或一个想法的方式相互映射。我们用于理解代表概念的单个物理象征如何结合起来形成代表完整思想的复杂象征的最佳模式来自我们对语言的理解。由表征心灵观点的支持者所得出的结论就是命题态度的媒介是一种"内部思维语言"的句子。事实上，这个结论不可避免，一旦在刚刚所描述的两种感官下被要求在内容和媒介之间必须存在一个结构同构。

　　事实证明，思维语言假说被用于解释语言理解是合理的，对自然语言研究路径而言，存在一个基本的理念。一个句子的理解尽管在某种程度上源于表面句法，但是基于对其结构的掌握并独立于其表面的句法结构。[①]一个句子的结构通常被称为它的逻辑形式。因为思维语言假说的捍卫者所支持的语言理解一般模型是，自然语言句子通过翻译为思维语言的句子来理解，很明显思维语言假说不承认表面结构和深层次结构之间的区别。没有翻译者能从表面句法特性抽象出来识别思维语言中句子的深层次结构，也没有更进一步的语言可以让这样的句子得以翻译。所以似乎思维语言更接近于一种形式语言，而不同于自然语言的不严密、模棱两可和模糊性特征。

　　我们已经看到，表征心灵的观点将命题态度的媒介视作一种内在思维语

---

　　① 　　Harman. G.. Logical Form [J]. Foundations of Language. 1972, 9 (1), 38–65.

言的复杂符号。表征心灵观点本质上认为观察命题态度的媒介这种方式，告诉我们媒介和内容是基于一种形式系统的语法与语义之间关系模式来理解的。从语法角度看，思维语言中句子可被纯粹看作物理象征结构，根据特定的合成规则由基本的内在思维语言组成。然而从语义角度看，它们表征了命题态度的内容。

由于命题态度媒介是复杂的内在符号，它们形成一种内在思维语言的句子，所以我们应该基于一个形式系统中语法和语义之间的关系，来理解思维语言中媒介和思维语言中内容之间的关系。任何形式系统最重要特质是其所提供的语法和语义之间的分离，因此存在以两种不同的方式查看系统的可能性。基于语法方面，一个形式系统就是一组不同类型符号的规则集合，根据它们的类型来操作这些符号。所以，例如谓词演算可被视作一组符号，这组符号相互结合形成复杂的系统，仅仅依据它们的排序特性来识别这些符号的特定规则。一个例子就是规则，大写字母后的空间（例如，"F—"中的空间）只能由一个小写字母填满（例如，"a"）。简化一些，这条规则是一种在语法层面捕捉直觉思维的方式，从根本上讲属性依附于事物的就是直觉思维。但是完全没有注意到还有一种规则，即大写字母的词代表属性的名称，而小写字母的词代表事物的名称。这纯粹就是关于语言的语法。所以要为一种语言提供一个语义就是要为它所包含的符号给出一个解释，将它从一个毫无意义的符号变为一个表征性系统。

所以思维语言中句子间的转换，既可以从语法角度物理象征结构之间的形式关系入手，也可以从语义角度表征世界的状态之间语义关系入手，通过媒介可以建立一个语法可导性和语义有效性之间的对应关系。传统经典主义的表征论者认为真正的因果解释必然由命题态度对应的媒介所决定，命题态度的因果维度会随着指定命题态度的不同而成功或失败。媒介是命题态度在核心认知系统实现其信念或期望的物理结构，它由三个不同且分离的元素组成，对应着命题内容的每个元素，比如罗素式命题结构可以用谓词演算"aRb"来表示。这个物理结构由三个组件构成，分别是"a"和"b"，以及之间的关系"-R-"，这是自然语句所表达的命题结构。所以可以得出结论，思维语言假说所要求的媒介也是物理结构，是分离且重新组合的组件，这些组件与表达了信念或期望其内容的句子结构一一对应。

4.2.2　命题态度的内容及其特性

命题态度应该由两部分组成——一个内容和一个对内容采取的态度。如果我正被准确地描述为拥有信念 p，这往往意味着存在一个内容，我对这个内容采取了一个信仰态度。一个区分内容和态度的理由是不同的人，或事实上对相同内容会采取不同的态度的同一个人。例如我认为是这样，而你可以对这个情况有你所期望彼此不同；我可以期望这样，而我在以前是害怕这样前后不同。一些表征心灵论者继承功能主义的术语"力"来表示命题态度的"态度"组件，认为态度源自内在思维语言的表征。

（1）内容的分析

基于仅限用于可以认知形式思想的认知系统中使用命题态度解释，表征心灵观点中其认知本质也是一种命题态度的产物，来自知觉输入，也是将命题态度结合产生更深一层的命题态度以及行为的产物。每个命题态度、信念和欲望都是基于它的特定内容来理解的——依照它如何表征世界的方式，要么被当成信念，要么被当成欲望和其他动机态度。一个给定命题态度的内容由一个物理结构实现，这种结构是思维语言中一个句子。也就是说，每个内容都有一个复杂的表征作为其媒介，这个内在思维语言的建构方式与单个概念建立对应实现内容的方式是同质关系。一个特定态度之所以指向一个特定内容，是因为这个内容的媒介在整个认知过程有扮演功能角色。同理，实现不同角色的媒介不同，相应的命题内容也会成为不同命题态度的内容。例如，我可以期望猫在垫子上，担心猫在垫子上，渴望猫在垫子上或是相信猫在垫子上。

具体来说，命题态度具有两个视角的解读，一是不论命题态度是信念、期望还是其他态度类别，都凭借其所表征的外界事物而导致行为的产生；二是命题态度的内容成分与组成关系对应内在符号的关系，由此因果产生命题态度自身的解释效力。所以说命题态度具有两个维度，分别是表征维度和因果维度，这一点和玛尔的等级划分是一致的，内容见2.3。根据常识心理学解释的合理性、连贯性和一致性特征，个体之间易于掌握信念和期望等逻辑结果，当然信或者不信由个体内在的思维语言决定，也就是说，个体对信念的相信与否是由内在逻辑决定，能够超越当前的信念内容。

（2）命题态度的产生性和系统性

思维语言假说支持者强调思想的两个方面，这两个方面对思想非常关键，以至于缺少它们的认知系统不能够算作思想者。这两个方面被认作代理具有思考系统的必要条件，即作为思维操作材料的命题态度有思维的两个特性。所谓产生性是指从一个信念可以生成其他的信念，这与常识心理学的理性特质相一致，正如有限词汇产生无限句子一样；所谓系统性是指命题态度、表征是整体相关的，在一定句法规则约束下有无数组合可能。

第一个能力是无限产生和理解许多新思想的能力，即生产性。思考者时间等因素被限制在想法的类型与数量当中，但思考本身没有这些限制。语言精通者会真正理解一门语言，和几句简单的言语类比，发现有能力交流的表现是真正语言使用者可以将词汇用于形成新的句子，并有能力理解新的未遇到的词汇组合。相比而言，鹦鹉学舌式的读本使用者局限于固定短语的固定使用，似乎思维具有生产或衍生的相同特征。事实上，思维的生产力似乎和语言生产力密切相关。鉴于语言本质是交流思想，除非语言使用者有生产性思维的能力，否则他们就没有生产和理解新句子的能力。此外，这类生产性关系到核心认知能力，而核心认知能力是心理学解释实践的先决条件，比如能拓展一个人的信念和信念的逻辑关系能力。

第二个能力是实现生产力的基本方式，即系统性。掌握新的思想不像学习一个新短语，仅仅只需生成一个句子。正如由单词构成的句子和基于词汇理解的句子一样，掌握思想也是基于组成它们的个别成分。基于弗雷格式命题观点，这些个体成分就是概念，或者个体化属性；基于罗素式命题观点，掌握一个新颖的想法像构建一个新颖的句子，它可以将相似事物联系在一起，也可以是以相似方式将新事物放置一起。然而无论何种方式，它不是取决于任何有关什么可以和什么组合的固定规则。当然在语言中存在语法规则，可以阻止我们将名词放置于动词所在的位置，或者以副词、代词的使用方式使用名词，但是没有规定哪些名词能和哪些动词联合在一起，或者规定哪些副词能修饰哪些形容词。因此，在由语法规则所施加的一般限制中，组合的可能性是无限的，因此思想也有无限的可能。构成思维的那些元素是以任何逻辑规则所允许的普遍规则组成的，语言和思维的这个特色一般被称为系统性。从以上分析可知，系统性和推论能力紧密相关，推论能力也是心理学解释的先决条件。

假设我们接受真正思维的任何系统必须是生产性和系统性，那么需要往这些想法的媒介上强加什么限制呢？因为给定的命题态度内容是一个抽象的对象，其内容的结构不能直接在认知中被利用。所以思维语言论者的关键论点是，思维的系统性和生产性要求这些思维的媒介是由分离且重新整合的物理元素组成，这些元素独立地映射到这些思想内容的不同元素上。我们假设认为，认知在最后的分析中是一个物理过程，并且事实上就是一个因果过程，必须有物理代理，允许内容结构在思考和推理中所利用。由于内容结构是由表达了这个内容句子的逻辑结构所给予的，它遵循的规则是自身物理结构必须和其句子逻辑形式是同构的，也就是说，命题态度的媒介是思维语言中一个句子。

这两个特性也成为衡量人工神经网络是否可以构建命题态度的砝码，根据福多的观点，联接主义不能具备人类心智这两个特点，因此认为这是难以调和的结构要求，"一旦其中混乱得以厘清，便会发现联接主义网络和心理过程及表征之间不存在一致性"。①

4.2.3 命题态度结构之难以调和的要求

命题态度是一种介于个体和命题内容之间关系，更准确地说是一种态度，代表了主观意向性的信念等。在人们的日常交际中，以自然语言表达自己的心理表征。考虑到人工神经网络是由上而下且由下而上的协同进化关系，所以个人层次常识心理学解释和亚人层次心理学解释之间通过神经功能来构建命题态度模型，当然这种协同进化模式有其优势和构建命题态度模型的必要性。构建的方式依照命题态度媒介的要求来实施，简言之，如果我们用人工神经网络来构建一个功能模型并且满足媒介的所有特点，那么很难想到有什么合适的方式可以应用到人工神经网络中。

（1）人工神经网络的结构问题

首先我们留意一下命题态度与人工神经网络之间的紧张关系。任何给定的命题态度都具有一个物理结构的媒介，可以和这个命题态度的内容结构相互映射。鉴于此，需要考虑两个要求，一是这个命题态度的媒介必须是由分离离散的元素组成，这些元素和命题态度内容的组成成分相互映射；二是这些元素必须被一系列命题态度所共有，具有共同性。比如，有三个信念，分别是"太原市在山西省"、"太原市位于长治市北面"和"长治市紧靠河南省"，

---

① Fodor, J. A., Pylyshyn Z. W.. Connectionism and Cognitive Architecture [J]. Readings in philosophy and cognitive science. MIT Press, 1993, 95.

这三个信念的媒介之间是共有的关系，前两个共有太原市，后两个共有长治市，这就是构成信念命题的共同元素。所以丘奇兰德认为人工神经网络仅仅是伪装如常识心理学思考心灵方式的一种核心功能模型。[①]

在广泛条件下，计算是给定认知系统的一个输入，由此转为一个输出的进程，那么在人工神经网络中的计算嵌在输入和输出之间多层的激活，扮演了传播激活途径的形式。一个网络学习是通过调整其与一个特定学习算法的砝码，并回答来自网络外部的反馈，实现对实际输出和期望输出之间差异度的信息。传达这两个进程似乎是思维语言假说一直追求却无法实现的目标。

对于心灵表征观点支持者而言，计算本质上是一种符号结构的操作，因为其只对问题中符号的形式属性敏感。基于计算的表征方法是由符号结构定义，这个结构允许语法和语义之间存在区别。首先，必须能完全抽象地思考和操作这些来自表面属性的符号结构。即使根本就不知道这个公式的元素表示了什么，并且也不知道作为一个整体的公式应该如何被解释，一个人就可以很好地操作有关符号的演算公式。其次，必须能够通过符号结构的个体元素逆向操作得出其所表征的内容，并且弄明白作为一个整体的符号结构应该如何被翻译及解释。依据思维语言假说核心的计算概念，最终任何计算都是符号结构离散型转换的一个结果。所以这个符号结构在运算过程中必须拥有这两个属性。

将人工神经网络中的计算理解为转换的一个结果。我们可以将来自单位一个层次到另一个层次之间的激活传播，视作计算中一"步"，这个计算存在于一个输入（输入层次单位中的一个特定激活方式）到另一个输出过程（输出层次单位中的一个特定激活方式）。

我们通过回到矿石探测器网络的例子来陈述这个论点。这个网络的任务

---

①　Stich, S. P.. From Folk Psychology to Cognitive Science: The Case Against Belief [M]. Cambridge, MA: MIT Press, 1986, 75.

是采取一个水下声呐回波声的声波"指纹"，把它归类为来自岩石或者矿石的声波。声呐回波的指纹是由 60 个不同频率的能量层次分布决定的，这个指纹被送入网络中，经过 60 个单位的输入层次抵达下一层的一个单位，来表现一个特定结果的声波回波的能量层次。为了便于讨论，假设我们都认可贯穿输入单位的激活方法代表了整个声波回声，其中思路之一是认为这个声波可被描述为符号结构。贯穿隐藏单位层次的由于同个原因激发的激活模式可被描述为另一个符号结构，因此我们能将来自输入层到输出层的激活过程描述为涉及一系列步骤的计算，来自输入层到隐藏层的一步以及由隐藏层到输出层的一步。然而，这些计算步骤完全不同于思维语言句子中所定义的计算方式，没有思维语言符号那种不同层次激活方式之间的明显关系。其实隐藏单位层次的行为和直接输入的输入层的行为之间没有相关性，因此只是单纯地增加隐藏单位的数量，网络表现几乎没有明显差异性。尽管最好的表现来自 24 个单位的一个隐藏层，但也只比一个 6 个单位网络表现有微小改进。当然隐藏层内部的激活方式随着单位数量的变化也会产生巨大差异。伴随网络隐藏单位中根本不同的激活范式，这些网络整体的表现不是差异而是大量的重叠性，虽然内嵌的进程从根本上而言是不同的，但是相似的输入还是会得到相似的输出。这一点对于自经典计算模型的表征心灵观点而言是不太可能实现的情形。

以思维语言假说为基础的经典心灵表征观点认为，理解认知应该依据抽象符号结构基于规则的转换来实现，操作仅对这些符号结构的形式句法特征敏感。这些符号结构拥有适当的形式特征，这是由于它们由分离和重构组件组成。相比之下，人工神经网络没有这样的分离和重构组件，人工神经网络的进化采取了一个完全不同的形式。因为每个不同单位拥有一系列的可能激活水平，存在尽可能多可以激活的不同维度。假如有 n 个这样的单位，那么我们可以将任何特定时刻下的网络状态视作 n 维空间中一个位置点。这个多维空间往往被称为系统的激活空间，我们可以将它看作网络中所有可能激活途径的空间。因为输入和输出都是激活空间中的点，在一个人工神经网络中的计算可以被视为从网络激活空间中一个点到另一个点的移动。正如我们在检测矿石网络实例中所看到的，在激活空间两点之间存在许多不同输送附件。从数学角度看，任何这样的轨迹可以被视为一种向量—向量的转化，这些向量可以给出激活空间中输入和输出位置的坐标。

一旦我们开始思考人工神经网络中存在多维度激活空间位置，并思考这些位置的坐标，其结构为何不适用于媒介的结构要求就变得显而易见了。一条线的一个点没有任何结构，也不存在于平面上二维空间。通过扩展，人们不会期望超过二维空间的一个点会有任何结构。相似的点出现时人们想不到它在网络激活空间中的位置，但认为存在向量给出这些位置坐标。一个向量是一组有序数字，它不比任何数字的有序集拥有更多或更少的结构，当然它也没有一个句子的内部清晰表述和结构复杂性，也没有格式清楚的逻辑系统公式。经典认知途径和神经网络认知途径的本质在于因果条件中的不同。以下段落是麦克唐纳（Cynthia Macdonald）对这个问题因果维度的明确阐明。

联接主义和经典模式都能语义翻译。不同的是，鉴于经典模式将语义内容分配给公式，比如符号。联接主义将语义内容分配给单位，或聚合的单位，或在斯莫伦斯基（Smolensky）的案例中所给单位的有效向量。更准确地说，鉴于经典系统与语义可翻译符号共事，符号包含了因果性和结构性（句法）属性，联接主义系统与具有因果属性的单位共事，加上具有句法（和语义）属性的对象（向量）共事。更精确的是，在联接主义系统处理层次中因果互动的对象单位不能在语义层面来评价，也不具有语义可评价成分。在联接主义网络（活动或活动向量）中语义可评价的不是这些系统中发挥因果作用的存在：如果这样的系统具有语义可评价成分，根据斯莫伦斯基的观点它们就是可解释的。[1]

由此得出结论：人工神经网络的表征状态不可能具有因果效力，也就是说命题态度在人工神经网络上实现不了句法与语义的一致性。在个体单位层次可以实现因果性，而语义性是层次之上的涌现性特征。因此福多和费利生等人认为联接主义网络的语义成分的因果无效意味着联接主义的归谬法[2]，并且认为相同的现象表明了基于内容解释的不适用。

更合理的观点是，这个标准结论是由对结构的关注所激发的。假设我们能映射表征状态到向量上，表示单位或神经元总体中激活模式。此外，让我们假设向量真正地被应用于系统中。即使确定我们可以将系统中输出理解为向量—向量转换的因果结果，我们也仍然没有抓住作为记号的一个给定向量，其因果结果如何才有可能成为其内容结构的一个函数，要知道向量是没有组成性结构的。

（2）结构要求的合理性探讨

要想解决衔接问题可能需要求助于超过一种类型的认知体系结构。我们通过梳理可限制常识心理学的命题态度其组成部分的结构有哪些，这直接关系到命题态度在亚人层次媒介物的限制结构问题。思维语言假说的倡导者认为人们只有采取信念、欲望和其他态度的媒介物来形成相关态度内容的同构结构，才能真正深入理解命题态度的因果维度关系，特别当命题态度的媒介物是内在思维语言的句子的时候更是如此。以下探讨便是基于这样一个假设，即在认知体系下的人工神经网路途径和思维语言假说途径之间中存在简单的二选一抉择。

基于上一部分人工神经网络结构困境的分析，可以将讨论的论证过程简

①　Macdonald, G., Macdonald, C.. Connectionism: Debates on Psychological Explanation [J]. Blackwell, 2006, 10.

②　Fodor, J. A., Pylyshyn Z. W.. Connectionism and Cognitive Architecture [J]. Readings in philosophy and cognitive science. MIT Press, 1993, 70–71.

化为以下两种。其一，条件是支持思维语言假说，以此作为证据证明人工神经网络不是命题态度框架结构的合理模式。这个论证过程如下：

① 如果命题态度由于其内容而是系统性、生产性且因果效力性。那么它们必须让媒介的结构映射到它们的内容结构上。

② 如果人工神经网络是认知结构的好模型，那么命题态度不可能拥有媒介的结构能映射到其内容的结构上。

③ 推理：命题态度由于它们的内容故是因果有效的。

命题态度必须拥有媒介的结构映射着它们内容的结构。

人工神经网络不是认知结构的好模型。①

其二，另有一些哲学家认为事实上人工神经网络提供了各种认知能力类型的有用且预测性模型，并且它们似乎没有思维语言假说所要求的结构类型，因此存在有关真正思考者是什么的假设。②这种观点是由保罗·丘奇兰德和帕特里夏·丘奇兰德夫妇提出的取消主义。他们将结构要求和人工神经网络之间的紧张关系视作对命题态度心理学的反驳，更普遍的是，反对命题态度在认知中扮演了重要角色这一观点。取消主义接受了争论中的第一个前提条件，即如果我们真的拥有导致我们特定行为的信念和欲望，那么这些信念和欲望必然在物理符号结构中得以实现，这种符号结构具有思维语言论者所强调的形式。它们也接受第二个前提条件，认为在人工神经网络中没有结构化句子表征的空间。因为他们坚信人工神经网络提供了一个解释大脑如何工作的好模型，这一点要比对命题态度心理学更强有力，故而他们得出结论认为不会有如信念和欲望之类的存在。他们的分析论证如下：

① 如果命题态度由于其内容而是系统性、生产性且因果效力性。那么

① Braddon-Mitchell, D., Jackson, F.. Philosophy of Mind and Cognition [J]. Oxford, Blackwell, 1996, 589-622.

② Churchland, P. M.. Eliminative Materialism and the Propositional Attitudes [J]. Oxford, MIT Press, 1993, 78, 67-90.

它们必须让媒介的结构映射到它们的内容结构上。

②　如果人工神经网络是认知结构的好模型，那么命题态度不可能拥有媒介的结构能映射到其内容的结构上。

③　推理：人工神经网络是认知结构的好模型。

命题态度不可能拥有媒介的结构映射着它们内容的结构。

命题态度不是系统性、生产性或因果效力性。[①]

这个推理在逻辑形式上没有问题，证明命题态度不存在。在这两个极端之间，存在一系列更微妙地思考这种紧张关系的方式。涉及对两个论点的两个关键前提 1 和 2 的所有思考。之前我们看到丹尼特在没有以任何分离式物理结构形式前提下，尝试证明命题态度依然具有因果效力，他认为命题态度解释通过智能代理的行为方式实现，是真实存在[②]。根据丹尼特的观点，这些模式是涌现属性，不可能基于部分代理的行为来理解。媒介层次的结构讨论是基于对真实解释要求的混淆。另外还有一个是因果的反设事实理论也认同命题态度解释是真的，但依据不同，依据一个事实即在问题中特定反设事实条件句是以代理为中介成真的[③]。由于我的信念和欲望而 φ–ed 如此的是因为一个事实，即如果这些信念和欲望是不同的，那么我就不会有 φ–ed。反设事实理论让命题态度解释的真（或假）判定成为个人层次所发生的唯一一件事。[④] 它不会在亚人层次强加任何限制。

由于因果互动命题态度而有内容，在相互作用中它呈现出世界所引发事件的典型状态，呈现出在个人命题态度系统中所有的影响，呈现出与导致行为的其他相关命题态度结合的可能性。这些亚人状态自身应该按照我们的思

①　Braddon-Mitchell, D., Jackson, F.. Philosophy of Mind and Cognition [J]. Oxford, Blackwell, 1996, 589-622.

②　Lycan, W. G.. Mind and Cognition [J]. BasilBlackwell, 1990, 152-157.

③　Child, W.. Explaining Attitudes: A Practical Approach to the Mind [J]. Mind & Language, 1996, 11 (3), 306-312.

④　Child, W.. Explaining Attitudes: A Practical Approach to the Mind [J]. Mind & Language, 1996, 11 (3), 306-312.

维方式来构建的同构想法，意味着结构的问题可以支持哲学功能主义观点。理论家们被因果效力要求结构化媒介这一观点说服，认为哲学功能主义已经接受，命题态度角色的占据者必须是结构性的想法，于是就有了功能主义的变种即思维语言理论。另外，对结构要求的怀疑持开放态度，这表明哲学功能主义可以在没有结构化内容的条件下，确保因果效力可以顺利被实现。

（3）米切尔和杰克逊的"心理地图"

米切尔（David Braddon-Mitchell）和杰克逊（Frank Jackson）认可第二种论证，他们认为一种基于图形的认知结构模型完全可以替代思维语言假说。根据心理地图模型，命题态度的媒介是有关被思考事物状态的类似绘画式表征。[1] 就思维语言理论而言，结构化同构的想法是核心，而心理地图和它们所代表的内容是同构关系。这种在心理地图元素之间所保持的关系可以映射到所表征事物状态的对象间关系上。这种方式的表征通过范例和类似的关系得以保证。心理地图通过对事物结构例证来表示事物的一个状态，也就是说，通过自身结构和所表征事物状态的结构相似性来实现因果解释关系。但是地图的结构不能和其表征其他东西的属性相互分开，比如表征的句子可以是英语，也可以是思维语言，或者是一阶谓词演算，心理地图的表征结构与这些句子相关。虽然地图是一个结构化实体，但是它的结构不能被形式化地详细说明。米切尔和杰克逊很清晰地认识到这一点。

不存在自然方式能以地图真值评价所表现的接缝处来分割它。地图的每个部分有助于整个地图的表征内容，在某种意义上地图的部分是不同的，整个表征内容将会是不同的。比如，改变纽约和波士顿之间美国地图的一小部分，就会系统性地改变整个地图的内容。这是让地图结构性为真的的部分原因。然而，并没有划分地图为基本表征单元的首选方式。你可能会从地图

---

① Braddon-Mitchell, D., Jackson, F.. Philosophy of Mind and Cognition [J]. Oxford, Blackwell, 1996, 44 (4), 589-622.

中找寻到许多拼图玩具，但是没有一个人声称，拥有所有且仅仅最基本的单元。①

因此，我们需要在弱意义和强意义上区分一个表征媒介的结构化。在弱意义层面，在媒介与其所代表对象之间存在一个可识别的结构化同构，明确结构的严谨性；在强意义层面，结构要求的是在独立可识别组合规则的支配下，识别到基本表征组合单元的存在。内在思维语言句子显然是强意义下的结构化，相比而言，心理地图和人工神经网络模型只是弱意义上的结构化。

在任何类似思维语言假说的细节中计算出心理地图假设，但相对容易看到会出现潜在担忧。思维语言假说的捍卫者很可能强调早期部分中所提及推理和结构间的亲密关系。有一种感觉，心理地图是结构化的，因为它们包含了心理地图上占据重要地位的元素。但是还是很清楚它们的结构，依照正确方式允许由命题态度心理学所搭建的推理类型，很容易看到在地图间存在基本的推理过渡形式。例如很可能是心理地图之间的关联，允许一个心理地图上升到另一个地图，或是成为一些特定的行为形式。这种转变的可能性会使地图成为行动的指南。然而这些地图的特性（它们在模拟自然和结构同构）使得它们可以指导行为，但不会允许在推理过程中观察到这些转变。为了将一个地图解释为另一个，或者解释为其他的可能性存在，抑或解释为指引一个行为的特定指南，该地图必须在命题中被翻译及解释。我们必须将心理地图翻译为一个命题，同时将另一个翻译为更深一层的命题，然后评估这两个命题间推理的关系，可能是演绎、归纳或概率化之一。

米切尔和杰克逊就真实地图如何随着时间演化给出了解释，这种演化可视作一个语言表征间推理转换的类比：

地图是物理实体，其结构可以掌控它们伴随时间演化的方式。当制图者

---

① Braddon-Mitchell, D., Jackson, F.. Philosophy of Mind and Cognition [J]. Oxford, Blackwell, 1996, 44 (4), 589−622.

更新地图或将两幅地图放置一起构建一个包含所有信息的地图，这些操作部分地受地图的结构所限制。并且为了找到一个目标，火箭弹会使用一种内在地图来不断更新接收到的信息。在这些导弹中，后期的地图是前期地图外加通过导弹传感器接收信息的共同因果产物。因此地图理论者可以告诉思维语言理论者一个本质相似的故事，有关思维是如何作为它们命题对象的一个函数而随着时间进化的。[①]

但是这个类别不能成为说服表征心灵论者相信心理地图具有实现能力的证据。因为我们的思想不会随着时间而变化，但是这个思想的系统会不断演化，这是由于它们是作为组成其思想之间的一个推理关系函数而运作的。[②] 例如，我可能会获得一个新信念，因为它受控于一些信念，即我已经有了——或者相反，当我意识到它与我其他所相信的东西不一样时，我可能会修改我的一个信念。真正的重点不在于理解我如何获取或反对信念，而在于要搞清楚我为什么获取和反对信念之间的思想推理关系。关于这一小段所说的内容米切尔和杰克逊再也不能就如何理解心理地图层次思想间推理关系，给出任何我们可以理解的方式，例如我们不知道对心理地图如何做合理的条件推理。

其实如其所指出一般，心理地图理论的目的不是为思想之间的推理转换提供一个亚人模型，并不打算成为心灵表征观点的实现。如果我们将命题态度的媒介看作心理地图，那么我们便不能将心灵视作一个电子计算机系统，不能对语法对象执行形式化的操作。其实米切尔和杰克逊只是试图对思考心理状态之间的因果关系提供替代选项，找到实现语义的其他可能性。因此，真正的问题是这个替代选项是否满足它的条件，也就是说它是否可以满足涉

---

①   Braddon-Mitchell, D., Jackson, F.. Philosophy of Mind and Cognition [J]. Oxford: Blackwell, 1999, 44 (4), 589.

②   Braddon-Mitchell, D., Jackson, F.. Philosophy of Mind and Cognition [J]. Oxford: Blackwell, 1999, 44 (4), 622.

及我们心理学解释模型的命题态度之间复杂关系的必要性。此刻，心理地图理论还没有充分地回答这个问题，尽管如此，心理地图理论仍然给命题态度内容在亚人层次的媒介必须是句子结构的观点发出了一个不同的合理声音，这一点非常值得肯定。

4.3 基于人工神经网络建构命题态度的探讨

鉴于命题态度在人工神经网络实现的紧张关系，我们对命题态度的建构持谨慎的态度，但不否定建构的可能性，因为基于逻辑推理的米切尔和杰克逊"心理地图"主张的探讨为我们重新构建因果关系奠定了基础。于是，怎么去构建符合严格意义上的媒介成为人工神经网络能否成功构建命题态度的核心问题。

对此，自主心灵论代表人物福多和费利生表示了建构人工神经网络只会陷入对思维语言假说的合法地位的证明，仍然没有避开表征心灵主张的符号解释范畴。下面列出他们的具体分析过程：

假设研究者在事实层面成功地证明人工神经网络具备第一前提条件的建构要求。也就是说，人工神经网络的表征特点和初始表现相反，即允许内容和媒介之间的同构。这意味着我们将有能力在制定的网络中识别与思想对应的组件元素，元素进一步形成思想，表明人工神经网路确实提供了实现思维语言的一种方式。如果人工神经网络真的可以做到思维语言假说的一切要求，那么我们就能抽象出个体单位的细节和激活途径，并完全纯粹地依从思维语言的解释方式来思考因果关系。因此，人工神经网络的功能性组织结果是用相同术语描述的，结果网络所展现的一切只是思维语言句子在大脑中如何实现的一个有趣模型，这将加强而不是减弱思维语言理论，所以联接主义的认知体系面对着一个致命困境，结果就是要么无法证明人工神经网络中所需结构，要么只是简单地揭示人工神经网络是思维语言假说的实现者。①

面对这一来自福多等自主心灵论者的诘难，斯莫伦斯基提出了一个既能实现命题态度的网络建构，又不会崩溃为思维语言假说附庸者的方案。

4.3.1 斯莫伦斯基的张量积向量框架

斯莫伦斯基面对的挑战就是结构化的命题态度如何以一种还能保持结构关系的方式映射到向量空间，而且这个向量成分具有共同性。一方面，使映射结构的向量继续保持命题的结构特征，并以结构方式描述向量关系。另一方面，向量的结构不能仅仅是思维语言结构的实现形式，人工网络不能仅仅被描述为思维语言假说的一个实现。对此他采取的策略拥有三个阶段。

斯莫伦斯基首先解决的是命题态度中命题的结构问题。他利用向量分解技术，将复杂的命题结构项分解为一对一对的角色，每一对角色基于其特定填充物的不同而得以区分。约翰·麦肯锡（John McCarthy）所发明的 LISP 编程语言中的分支树形式便符合这个要求，命题由二元分支树形式表征。斯莫伦斯基设计的命题 Sandy 爱着 Kim 就是由树形图所表示的，见图 4.1。

树上每个分支表征着具有特定填料的一个角色。最左边的分支显然是由"—爱—"填料所占据的谓词角色，最右边的分支对应谓词角色中的两个"差距"，并且填充的是命令组，分别占据着树枝的一个分支。

---

① Fodor, J. A. and Pylyshyn, Z.. "Connectionism and Cognitive Architecture: A Critical Analysis", Cognition. 1988. References are to the reprinted version in C. Macdonald and G. Macdonald (eds) Connectionism: Debates on Psychological Explanation, vol. 2, Oxford: Basil Blackwell, 1995, 60-68.

. 166 .

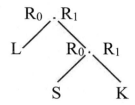

图 4.1　Sandy 爱 Kim 的树形图 [1]

假设 R_0 和 R_1 就是与给定任意节点相对应的两个分支角色向量。这些向量彼此相互独立，让 L、S 和 K 成为和 "—爱—"，Sandy 和 Kim 对应的填充向量。这个映射中的第三步是定义操作，将这些填充向量和角色向量组合成一个复杂的向量，代表命题 Sandy 爱 Kim。存在两个这样的操作：叠加和张量积。叠加是向量加法，张量积是一种复杂的矢量乘法，我们可以通过 "+" 和 "@" 分别象征这些。这是将填充物捆绑角色的张量积运算。这两个向量 V 和 W 的结果包含了一个元素 V 和一个元素 W 的所有可能结果，因此张量积公式如下：

$V @ W = (V_1 W_1, V_1 W_2, \cdots, V_i W_j, \cdots)$

如果在 V 中存在 n 个元素，在 W 中存在 m 个元素，那么张量积

V@W 将拥有 nm 元素。张量积对 Sandy 爱 Kim 的表示将遵循以下形式：

$R_0 @ L + R_1 @ [R_0 @ S + R_1 @ K]$ [2]

具体解释是：命题在树形分支图中是一个拥有两个分支的二进制节点，左边一个分支是由填充物 L 所表征，而最右边的分支是由两个角色 S 与 K 组成的有序偶合。因此 L 向量最初的绑定是表示了左分支角色 R_0 的向量，$R_0 @$ L 在这个成分向量上持续叠加就成了表征右边分支的向量，右边分支本身是

————————————

　　[1]　Smolensky, P.. Constituent Structure and Explanation in an Integrated Connectionist/Symbolic Cognitive Architecture [J]. in C. Macdonald and G. Macdonald (eds). Plos Genetics, 1995, 19.

　　[2]　Smolensky, P.. Constituent Structure and Explanation in an Integrated Connectionist/Symbolic Cognitive Architecture [J]. in C. Macdonald and G. Macdonald (eds). Plos Genetics, 1995, 21.

由向量 S 占据的左边分支和 K 占据的右边分支组成。占据了 R_1 角色的对象本身就是由张量积结果 $[R_0 @ S + R_1 @ K]$ 向量所表征，所以这个张量积结果是递归的存在。[1]

　　此类张量积向量可以满足对结构敏感处理的两个主要诉求。即使这些网络不包含和结构化的组件存在——对应关系的离散对象，但张量积神经网络也允许命题映射到联接主义网络，因此这个网络提供了某种意义上的组成性。戈尔德（Tim Van Gelder）曾指出两种组合类型之间的区别，在高度相关的背景下——分为关注组合性和功能组合性。[2]这个命题在张量积网络上体现了一定组成性，反映了命题的结构功能特征，保存了表征结构化对象的成分结构化特性。这种拼接组成性的表征系统包括自然语言和用于机制，计算科学等的各种形式语言。[3]表征系统是功能组成性，这是一个有效且可靠的计算处理过程，可用于形成一个由成分构成公式，就像它可以以这样一种方式表示结构化对象一样，还可将公式再分解为其成分，所有拼接组成系统是功能组成性。支持张量积表征的联接主义是无拼接函数的基本例子。复杂结构对象的组成结构可以被编码成这样的系统，通过向量加法和乘法，随后再通过向量分解的技术恢复。

　　自然而然提出一个疑问，这个功能组合性是否充分满足内容因果关系约束了呢？在保存结构的处理和结构—敏感处理之间存在区别，这就是张量积表征显示的第二特征。张量积表征超越了单纯的功能性，允许一定程度的组合性，浮现出和角色之间的区别。给定的角色可以被一系列不同填充所占据，并且一般情况下一个角色的填充中不同角色会反复出现。因此张量积表征不

---

① 　　Smolensky, P.. Constituent Structure and Explanation in an Integrated Connectionist/Symbolic Cognitive Architecture [J]. in C. Macdonald and G. Macdonald (eds). Plos Genetics, 1995, 24-27.
② 　　Van Gelder, T.. Compositionality: A Connectionist Variation on a Classical Theme [J]. Cognitive Science, 1990,14 (3), 355-384.
③ 　　Van Gelder, T.. Compositionality: A Connectionist Variation on a Classical Theme [J]. Cognitive Science, 1990, 14 (3), 355-384.

仅仅代表组成结构这么简单，还有着重要意义。尽管编码过程是分布表征的向量，但是它们是可以以特定方式代表结构，这个方式允许相同成分在一系列复杂对象中起到重要作用，并允许相同成分占据这些复杂对象中间的不同角色，这一点和命题态度的结构成分的特性是一致的。在没有因果性同构和一种思维语言的条件下，这两种特性的组合给我们提供了一种满足内容因果关系约束的方式。

但是，福多不这样认为，虽然他接受斯莫伦斯基的张量积框架允许对象成分结构的编码，但是不认为它能正确地适应思维系统的本质，即思维的系统性。思想的系统性对可以利用个体思维结构的能力提出了很强烈的要求。这些要求以不同的范式被制定。根据埃文斯（Evans）的一般性约束，一个主语只能正确地被描述为拥有一个思想，即 a 是 F，认为如果他有能力想到对任何对象 b 而言思想 b 是 F，他已经有了一个 b 的恰当的概念，并且对任何属性 F 而言，a 是 G，他已经有了一个 F 的恰当的概念。[1]尽管普遍性约束只适用于主谓形式的思想表达中，但是雷伊提出了一个广阔的视野，指出对一个思考者可思考的任何组成性结构想法 p 而言，只要思想内容受限于 p 的逻辑句法所附加的所有逻辑排序，那么思考者将能思考所有的思想。[2]可见，张量积人工网络可以满足一定的系统性表征，但是福多指出思维的系统性是本质特性，不是语言表达的表征特性，对此该如何辩证看待呢？

4.3.2　思维系统性的辩证

张量积人工神经网络是不断递归的系统，其生产性特点彰显无疑，但是其系统性特征是功能性特质，被自主心灵论者指出与常识心理学解释中命题

[1]　Evans, G.. The Varieties of Reference [M]. Oxford: Oxford University Press, 1982, 34 (3).
[2]　Rey, G.. A Not "Merely Empirical" Argument for a Language of Thought [J]. Philosophical Perspectives, 1995, 9 (4), 201-222.

态度结构的实在性不符。麦克唐纳提出了他的反对声音：

毫无疑问，斯莫伦斯基很可能连接一个网络，结果是它支持一个向量代表了 aRb，当且仅当它支持代表了 bRa 的一个向量；并可能的是在虚构单位没有明确前提下实现（尽管到目前为止没有有关如何确保这个的提议，对任意的 a、R 和 b 而言）。尽管网络结构允许，但问题是它同样允许斯莫伦斯基去连接网络，结果是它支持向量代表了 aRb，当且仅当它代表了表征 zSq 的一个向量。①

之所以态度如此肯定，是因为大家默认了语言的句子结构是清楚明白的，可以划分为谓词关系连接的命题成分，但是这个语言的结构性是来自自然语言，还是来自思维语言假说呢？思维的系统性体现在个体可以将句子成分组合成一个新句子。

（1）基于自然语言的思维系统性辩证

自然语言是人类群体思维共性的产物，因此合理假设思维系统性产生了自然语言的系统性。因为自然语言的用途就是表达思想，是个体之间交流思想的载体，而思想的本质独立于语言本身，不以语言的存在为依据。所以自然语言在构建思想中没有扮演角色，只是传递信息。语言作为思维操纵的符号，映射了思维的系统性，故而自然语言的系统性支配着语言中名词和谓词之间的关联，真正掌握一门语言的个体表现在，他理解句子是如何由其单词成分组合起来的，就可以说他掌握了这门语言。

自然语言系统性表现在语言使用要遵守的普遍限制，人们普遍认为类似普遍限制存在于语言当中，简单地形成一个句子如 "a 是 F" 不能代表理解掌握了语言规则，除非他们能自由地将谓词表达 "—是 F" 和其他单词中合适的名词结合在一起，形成新的句子，或者使用了一系列他们语言词汇中的其

---

①   Macdonald, C. and Macdonald, G. (eds) Philosophy of Psychology: Debates on Psychological Explanation [M]. Oxford: Basil Blackwell, 1995, 52 (2), 292-313.

他谓词，结合正确的名词"a"形成其他新的句子。因此，只要一个人能将不同的词汇组合成一个新的句子，就表明理解了句子的组成规则。

但实际上，即使掌握了规则，自然语言的组合还是存在许多问题。比如谓词演算这类正式语言是非常简单的系统性显现方式，第一阶谓词将在思维语言假说中和埃文斯所提的一般性约束中来探讨。第一阶谓词运算有谓词（F、G、H等）和对象名词（a、b、c等），并且受规则支配第一阶谓词运算成为具体实例，即任意一个谓词用于任意对象所形成的使用公式都将被视为结构良好的公式。[①] 因此基于一般性约束必须对谓词运算有适用性，除非人们理解了在原则上任何谓词名称可以和任何对象名称整合在一起，否则就是没有人能够被描述为正确地理解了谓词运算。事实上，只要他们明白在谓词运算表达中什么扮演了角色，这些角色必然能够与形成一个句子的任意谓词名称相互拼接。

如果不能理解连接着由数字"3"和其他谓词所构成的任意句子，我们就不能说理解了表示数字"3"的这个符号"3"。我们之所以只能部分理解"3"指的是"3"，是因为根本不知道"3是无聊且消极的"这个句子是由什么组成的，这正好是一般性约束规定相反面。对句子的部分理解，关系到是什么让句子正确地被理解，这是理解句子为真的条件，同样地，理解一个名字是理解这个名字如何有助于句子为真的条件过程。但是这个句子"3又无聊又消极"没有任何真的条件，不存在有关数字3是无聊且消极这一事实的陈述，并且对"3"是3这一存在的一部分的理解，是来精确地理解谓词表达的一个范畴。仅仅将数字"3"和谓词表达结合在一起完全没有任何意义，由以上分析可知单独的成分构成句子没有价值。

命题的谓词有意义，一定包括将指定名称、名称的范畴结合考量，并且

---

① Evans, G.. Semantic Theory and Tacit Knowledge [J]. Philosophy, 2010, 87-90.

可以将名称和给定的谓词作合理有意义的结合，因为每个名称和谓词都有应用的限制范围。但是自然语言的句子中不包含这些规则，那么确保我们能了解这个限制就很关键，否则对自然语言的理解就不可能是全面系统的，只能是受限制的系统性。

（2）基于思维语言假说的思维系统性辩证

当然前面的辩证未必全面，因为表征心灵论者强调思维语言是思维系统性的表现形式，不同于自然语言，认为一般构思的思维语言更像一个正式语言而不是一个自然语言。因此思维语言缺乏一般自然语言的问题，比如只允许一个有限度系统性。他们引入思维语言假说的一个动机是由于一种思维语言可以被要求解释有关语言理解的特定事实，比如思维语言假说可以允许，我们能在特定背景下消解模棱两可的句子，还有我们能正确地识别自然语言句子的逻辑形式。看来思维语言作为理解的工具，比自然语言更精确。如果我们在一定情况下确实需要运用一个工具来思考的话，需要它代表自然语言句子的逻辑形式，那么这就意味着思维语言会看起来和谓词演算非常相似，因为它包含了指向性的含义。

因果性来源的问题是有关为了产生进一步信念或行为，信念表征世界的方式是如何具有因果效力的。思维语言假说作为解决内容因果性问题的一种方式被假设形成，思维语言假说声称解决了问题，因为在思维语言中句子的语义属性在这些句法中得以实现，在思维语言中句子之间的因果转换遵循语义和其内容之间的逻辑关系。但是，必须承认灵感存在是思考思维语言中句子语义和句法方面的一种方式，这个公认的灵感只能是形式系统的元逻辑。由此得到的结论是，越是不将思维语言视为一个普通系统来思考，思维语言的观点就变得越不可靠、越不合理。

如此不得不同意早期列出的一些观点，自然语言不是完美的系统性存在。我们对思维系统性的直觉似乎仍然在很大程度上源自对自然语言系统性的直觉，但是自然语言的系统性是思维系统性的一个功能体现，它是交流思想的媒介物，是由于思维的系统性而具备的系统性。但是又很难想象思维的系统性，除非通过表达相关想法句子的组成结构，这也陷入自相矛盾处境。

对于命题态度在人工神经网络上的实现，斯莫伦斯基提出张量积框架来抵消结构成分要求与因果关系实现之间的矛盾，并且被证明具有思维的生产性和功能系统性。这个网络的优点不容置疑，但是依然没能如我们预期解决系统性实在问题，而解决的办法无非重新建构和系统性的重新探讨两条路径。经过对思维系统性的辩证分析，自然语言受制于名称和谓词的合理匹配，是一种受限的系统性，以自然语言为标志对象的斯莫伦斯基张量积框架自然也难免是受限的系统性；思维语言则需要求助于灵感的存在，有陷入无限倒退境地的可能。于是提议思维语言是一种自然语言的折中立场。

这基于两个方面。一方面，它是对系统性和结构要求的让步，认为一些想法具有由重组成分构成的自然语言媒介。另一方面，它不会像思维语言一般被视为有关认知结构的总体假设。研究个人层次命题态度的媒介有很多相对受限的问题。因此，思维语言是一种自然语言提议，就是对思维语言假说是标准化构想的一次巨大修正。但是正如之前所探讨的，自然语言受限于名称和谓词的使用范畴，其表达思维的系统性也是受限的。

但是这并不意味着我们将所有认知都视为形式语言。这些认知过程可以不涉及命题态度，能在没有具有结构假设的前提下被理解。人类的认知能力可能很早就出现在进化史上，并在其他生物身上已有体现。经过上述分析，我们了解到常识心理学命题态度远没有标准化设想的那样应用广泛，而且应用在认知的思考上也未必很合理。

4.4　小结

本章主要讨论了命题态度被实现的困境、命题态度的媒介及内容、基于人工神经网络建构命题态度的探讨三个部分。这三个部分一脉相承，前后内容具有明显的逻辑性，这一章的目的是基于表征路径，再次尝试在人工神经网络上实现命题态度。因为命题态度具有结构化属性，句法层面的符号可以实现语义，而这一点恰恰是普通人工神经网络所欠缺的。普通人工神经网络是连续性符号，不存在结构化。所以鉴于命题态度的特性，利用斯莫伦斯基的张量积框架比较成功地实现了命题态度的角色。但是依然存在人工神经网络功能性结构和系统性受限的问题。

第五章

心理学解释的重构：一种新尝试

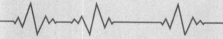

作为个人层次心理学解释和亚人层次心理学解释之间融合的核心问题，衔接问题存在的原因是命题态度的标准因果解释与亚人层次的描述性解释存在巨大的差异性。结合上文分析，基于人工神经网络对命题态度的建构也不足以满足命题态度的结构属性，同时，思维系统性的不充分论证也使得命题态度解释范畴和解释效力大打折扣。另外，常识心理学解释中命题态度的泛化导致人们日常生活交流信息的不精确性。随着心理科学成果的不断涌现，科学家逐渐深入脑神经层面，在常识心理学解释之外发现越来越多模板匹配机制，既完全绕开命题态度又能快速有效地解释和理解行为，这种非本能和非反应式的解释方式正是脑神经机制的解释方案，包括达尔文模块、样板匹配机制和模板匹配等。

5.1　心理学解释的重构缘由

在日常生活中，命题态度在常识心理学解释中充当着核心角色，在人际交流过程中简化了言语表达的细粒度，也便于人们快速理解彼此的心理状态，而且还是众多科学人士研究心理学的必备知识范畴，在人们探索心理学奥秘过程中发挥着解释和理解的功能。

但是，基于衔接问题视角，我们发现命题态度心理学解释效力和合理性没有预期的那么理想，这种差异性表现在以下两个方面：

5.1.1 命题态度的编码混乱

日常我们利用命题态度表达思想时，总是不分情况地使用"信念"和"期望"之类的词句，殊不知这就存在着表达混乱、信息记录不明确的问题，例如"我想喝水，因为我很渴"和"我的草坪想喝水，因为它很渴"，都是一样的谓词也是性质相近的名称，这两个命题也符合命题态度的合理性成分构成，不存在名称与谓词关系的错乱，但是这两个命题态度的内涵却不一致，区别就在意向性的表征上。依照塞尔的观点，命题态度的意向性存在三种描述，第一种命题是内在的意向性描述，描述的对象具有真实意向状态。第二种没有描述内在的或其他形式的意向性；它只是象征的、比喻性的。^① 因此这种意向性是仿佛的不是内在的。内在意向性属于人类和一些灵长类动物的特质，而仿佛的意味着这不是意向性，仅仅用于表达句子状态。第二种命题是"法语中'j'ai grand soif，其意思是'我很渴'"。这个命题的意向性也不是作为句法对象所形成的特定句子，我们也未必理解法语句子，但是说法语的人可以理解，所以这种意向性也是语言使用者派生的。可见不同的命题中都表达"相信……"，其中蕴含了对象的实质，而且内在意向性和仿佛意向性以及派生意向性之间存在混乱使用的情况。

常识心理学在日常中的使用就存在不同层次的复杂性，回顾之前四种心灵观点对命题态度的概念定性各不相同。自主心灵观点强调个人层次心理学解释的唯一性，命题态度的合理性标准性解释决定其不可还原性，而且主张

---

① 〔美〕约翰·R.塞尔，王巍译. 心灵的再发现 [M]. 北京：中国人民大学出版社，2012, 66.

信念和欲望不是假设，而是真实的经验存在，大多数信念不表现在行为中，因此命题态度的合法性地位毋庸置疑，不需要任何编码形式。功能心灵观点强调个体心理状态的因果关系维度，用角色和实现者关系来显示低层次解释内容和个人层次常识心理学解释是如何因果联系的，认为命题态度之间的互动导致行为的产生，命题态度的内容由其所充当的角色决定，可见其内容由角色编码，相同的命题内容可能是不同的编码形式。表征心灵观点认为内在句法形式可通过操作符号实现命题态度的语义属性，也就是说命题态度的内容是符号编码的结果，因果性是符号句法关系。神经心灵观点认为心灵是大脑的隐喻，对大脑神经网络的编码就是实现命题态度的途径，结果命题态度是与人工神经网络协同进化，存在不断被修正和调整的可能。四种心灵观点代表了命题态度内容的四种编码形式，哲学领域对命题态度概念的离散特性，映射到全体人类社会，自然更不可能有一个全球统一的命题态度概念——簇了。比如不同语种之间的翻译必然不可能全面表达意思，例如同样会说中文的人一同看"看山是山，看水是水"，小孩儿和老人对这句话内容理解大相径庭。每一个吸收竞争策略的观点所提的主张似乎都不太令人满意，而试着将命题态度留在不同观点视阈下也没有意义。可见，思维和认知都太复杂和变化多端了。

5.1.2　思维的受限系统性

命题态度作为思维交流的承载体，可以通过语言的形式互相交流思想，以及促成自我新思维的形成，这个过程反映了命题态度结构化。恰恰是由于命题态度的结构特性，我们对他人行为和心智现象的解释也是因果关联的。这一切的论述基于常识心理学是解释和预测行为的共同理论这一前提。

本文起初基于构建一个解释整体策略的出发点探讨"一语概之"的衔接

问题解决途径，高估了命题态度的合理性、连贯性与一致性，试图从计算表征视阈来构建一个符合自然语言系统性和生产性的命题态度框架，结果证明这种努力是徒劳的，但也更进一步意识到命题态度是常识心理学泛化后的经验性概念，凭借一门公共语言的形式表达其内容，从而导致我们错估了在认知模式中逻辑推理的范畴。在以命题态度为核心的常识心理学解释之外还有很多机制性解释，哲学解释绕开了命题态度，但针对整个机制解释行为的过程我们一样可以感知和思考，这说明思维不是命题态度范畴的独特存在，思维具有第一人称主观性，不是普遍泛化的共性内容，与大众所共同持有命题态度的信念和期望无法实现内容上的一一对应。

4.3.2 对思维系统性来源进行了分析，我们发现无论是从自然语言假说还是从思维语言假说都无法满足思维的系统性特质，前者只能保证受限的系统性思维，后者则需要诉诸灵感的形而上学存在。另外，即使语言成分和谓词连接都符合命题态度的结构要求，这也不是组成合理性语句的充分条件，例如"3 是无聊的"。塞尔认为之所以出现此类无法理解的命题是由于没有考虑到，人的意识会赋予符号以侧显性，解释行为也在侧显性的熟悉范畴内。命题态度的表达是在侧显性之下，因此这些特征摆在一起：结构、感作、所有意向性的侧显形式、范畴以及熟悉性侧显。我们的意识经验是有结构的，这些结构使我们能够从某个侧显来理解，但这些侧显被我们的范畴系列所限制，这些熟悉的范畴在不同程度上使我们把新颖的经验同化为熟悉的经验。[①]命题态度的解释性就在于熟悉范畴内容不同程度的同化过程，而不同范畴的直接后果是命题态度失去了解释力。

---

① 〔美〕约翰·R. 塞尔，王巍译. 心灵的再发现 [M]. 北京：中国人民大学出版社，2012，109.

5.2　心理学解释的重构基础

这部分不涉及命题态度这个概念，只探讨不同类别模板机制解释的融合可行性，为心理学解释的融合找到一个新的契合点。

5.2.1　进化认识论视阈下的模块

从进化认识论角度看个体认知心智现象的方式，一些心理状态认知方式属于后生规则，这些是先天认知机制的一部分，"我认为，科学家使用这些规则和标准不是主观地由科学家个人决定，甚至也不是由一组科学家决定。它们也不是绝对现实的反射之类的事情。它们是我们人类使用到的推理和理解的原理，因为它们证明为生存而挣扎求生的祖先价值"。[①] 其实这些后生规则的"必要性"从本体论看是由先天遗传决定的，但在后天分阶段表现，是与生俱来的认知方法论，因为这些规则是经历自然选择之后"生存"下来的先天认知机制。我们又将后生规则依照认识的递进过程分为三层，依次是：基础规则、次要规则和具体化规则。基础规则是指个体的大脑系统，从感官感

[①]　Michael R.. Philosophy after Darwin: classic and contemporary readings [M]. Princeton University Press, 2009,252.

知到感知的早期阶段的处理过程；次要规则是指整个生命历史长度的心理历程，从感知后期阶段贯穿于有意识的个人思想和经历；具体化规则是指我们所想象和设想的有关现实的信念形成过程。①

这就解释了为何不同阶段我们的心理解释水平会有差异，这种差异来自个人处在不同后生规则阶段，不存在个体生理性差异，更多表现为成长阶段的共性差异，具有普遍性。在不同时期之间，其规则约束下对外界知识的学习能力有层次性，相应地，认知其他心智现象和解释别人一些复杂行为能力上也存在差别。

另外，"进化"不是先进的代名词，不能用"进展"表示。所以在科学知识领域，知识不应具有真理性，即使有真理性，也是依据实用主义的观点将真理与它的有效性结合起来考虑的。因此，我们人类社会迭代进化而来的语言能力没有对比的意义，只要是公共语言，都具有在相应社会文化相适应的解释能力，这一点对于解释力的保证至关重要。自然语言作为进化过程的附带属性，是区别人类和非语言动物认知差别的标准，同时以进化认识论视角看语言也是文化改变的直接产物，适应一定数量人群的共同社交技能，而且随着社会的发展，语言系统本身也在"进展"。

5.2.2　重新布线假说

"重新布线"是从人类的整个进化历史视角审视人类心理现象解释机制形成过程，认为人类认知机制主要受社会改变的影响，并在大脑层面形成相应的改变，从语言习得角度将不同模板机制的解释归为一类，认为所有的认知机制都可以被公共语言所识别。

---

① 樊汉鹏，王姝彦. 迈克尔·鲁斯进化认识论的探析 [J]. 系统科学学报，2017（2），24—28.

　　根据重新布线假说的观点，学习语言的过程是对大脑认知结构重新配置的过程，形成许多新型类型的表征和计算方式。大脑是几千年进化的产物，而进化是一个不断修正和铸造的过程。一些机制消失的同时产生一些新的机制，所以人的大脑中包含一系列特化的回路和机制，伴随不同的复杂层次和进化路径。大脑近代最大的进化成果是大脑皮层，通常这里被认为是负责各种高级认知功能的区域。大脑的不同区域分属复杂人类行为的不同方面，彼此之间互相转换信息，协调大脑不同区域的运作。

　　要理解重新布线假说必须基于大脑是一个存在内在适应和互联机制及回路的复杂结构。考虑到大脑的进化历程，这个重新布线假说也同时具有可塑性和灵活性。由于史前文明发生了一些重大事件，比如逐渐形成越来越大的社会团体，促使神经区域连接的改变。[1] 但是人类外显认知机制改变有的是来自基因遗传改变，有的机制改变则与基因型没有太大关系，比如骗子鉴别模块。对此丹尼特说：我们经常将文化革新和基因革新弄混淆，例如大家都知道人类平均身高在最近几个世纪快速增高。身高改变速率之快是由于我们物种基因改变吗？不可能。因为只有 10 代人的时间，即使有外在选择压力，也没有足够的时间产生这样的影响。事实上巨大改变的是人类的健康、饮食和生活条件，这些导致表现型的巨大改变，百分之百属于文化革新，通过文化方式传递：教育、新型农业发展、公共健康方式等。任何担心基因决定的人应该被提醒注意柏拉图时代与当代人之间的巨大差异——当代人的身体天赋、倾向、态度和预期变化要归于文化改变，因为我们距离柏拉图时代不超过 200 代人。[2]

　　提及文化改变，首先想到对认知结构发展的重大影响。重新布线假说的核心主张就是公共语言的涌现，已经在大脑处理信息方式上导致了根本性改

①　Mithen, S.. The Prehistory of the Mind [M]. London. Thames and Hudson. 1996, 49-55.
②　Dennett, D. C.. Darwin's Dangerous Idea: Evolution and the Meanings of Life [M]. New York: Simon and Schuster, 1995, 338-342.

变，这种改变不仅仅是我们个人层次的如何思考与交流，而且涉及亚人层次的信息处理方式。重新布线假说不是简单地将语言视作组织和交流思想的工具，也不是方便从他人获得经验和建议的工具。[①] 此观点认为特定类型的信息处理只能作为大脑重新布线的一个功能，包括语言的涌现，这是语言大脑和非语言大脑之间一次巨大质变。那么一门公共语言的涌现和思考类型以及信息处理有什么关系呢？

自然语言对认知结构的特异贡献就是为整合不同类型的信息提供了表征中介。[②] 这种观点就是将自然语言单纯视作中介，为认知系统提供思考事情的中介，并能准确表达人们的想法。语言使用者可以从不同特定范畴的模块认知中整合信息，语言为重新编码特定范畴的表征提供一个中介，经过编码后的信息之间可以整合。不同范畴的"知识"以不同方式表征，表征的不同方式是这些知识获得方式的不同，也反映了知识发挥功能方式的不同。

所以，在大脑中布线的语言第一个角色是给不同类型或形式的信息整合提供一个重新表征的中介。习得语言不仅仅提供一个整合的表征格式，允许不同主体的知识和技能彼此交流，而且还让对这些知识和技能进行新思考成为可能。安迪·克拉克（Andy Clarke）认为："公共语言可能复杂处理人类思维的不同复杂特质，有能力展现二阶认知动力。通过二阶认知动力，可以拥有一堆能力，包括自我评估、自我批评和医疗回应等，我们可以有效地思考我们自己的认知轮廓或特定思想。这个'有关思考的思考'可以负责人类不同的能力，它不为其他非语言生物所拥有。[③]"因此，有充足的理由认为，如果我们的思想可以语言编码，那么思想就可以作为具有不同类型思考特征的

---

① Clarke, Andy. Being There: Putting Brain, Body and World Together Again [M]. Cambridge, MA, MIT Press, 1997, 112.

② Carruthers, P.. Modularity, Language, and the Flexibility of Thought [J]. Behavioral and Brain Sciences, 2002, 657−658.

③ Clarke, Andy. Being There: Putting Brain, Body and World Together Again [M]. Cambridge, MA: MIT Press, 1997, 108−109.

对象，供克拉克所谓的二阶认知动力予以处理。

由上可知，从语言进化的角度看，语言是大脑为了重新编码个人层次心理学解释而创立的文化中介，是人类群体聚集的文化变革产物，通过语言实现交流思想和意识的目的。而语言中所包含的的意向状态可以基于目的论进路，为诸如信念和期望等意向心理状态找到进化意义上的解释，所以依照重新布线假说的观点，表征信念和期望等语句也可以找到一条自然化路径的解释说明，通过将有机体内部、外部各种复杂环境要素及其相互作用整合成一个整体的系统，用以说明心灵与环境之间的共存关系，而这种共存关系的形成自始至终是受进化机制调节的①。为语言的形成机制找到终极进化塑造者，有助于我们把握生命有机体及其心理学的规律本质，相比于基于语言输入、输出行为给出语言形成的目的性解释，这种基于自然进化的功能性解释更加有助于规避在解释意向心理现象时容易出现的"自由主义"倾向。基于此，像"相信"这样的公共语言词汇只是为思考不同机制的对象提供一个共同的二阶认知动力，不会在任何亚人层次心理学解释的体现上实现。

常识心理学解释中命题态度之所以难以在亚人层次上实现，其主要原因是亚人层次无法准确构建一个合理表征来实现命题态度的意向性态度。之前文章将态度意向性归于表征的语义，认为可以从内部找到语义的实现者，事实证明语义是具体对象外在的侧显性，本体论上是由文化变革逐步形成的符号内涵。

---

① 王姝彦，樊汉鹏. 意向性自然化解释的目的论进路 [J]. 科学技术哲学研究，2014, 3,7–11.

5.3 心理学解释的重构转向

意大利帕尔玛大学的里佐拉蒂（Rizzolatti）所领导的团队可以模仿的神经元，称为镜像神经元。它帮助我们识别他人的动作，也帮助了解这些动作背后深层次的动机，以及互动的意图，与社交行为和社会认同也有紧密关系。目前神经心理学的主要研究对象是灵长类动物和人类的幼儿时期，人类的大脑神经区域与黑猩猩、红猩猩、猕猴等动物脑区域存在高度一致性，幼儿时期的孩子认知能力的发展史又是展现心理认知特征形成的最鲜活例子。通过脑神经领域研究，我们建立起关于心理主观性与神经区域的关系模式。

以猕猴为对象的实验中，他们发现正典神经元对看到可以抓的物体时活化，镜像神经元是在看到抓的动作时活化，猕猴活化的区域在 F5 区，正对应人类大脑的布罗卡区，通过人和猕猴实验结果对照，发现两者镜像神经元系统在进化历程上具有连贯性。这个区域也是模仿学习动作的区域，但是发现猕猴面对使用工具的动作时，其镜像神经元不活化，从侧面论证了认知能力进化过程的层级差异性，也为回答人类为何是唯一语言动物提供了可行性的研究路径。而语言功能作为手势的延伸自然也受镜像神经元调控，实验发现只要我们能在大脑镜像神经元中模拟他人的行为，就能理解别人的意图，而且相同动作但不同意图的活化程度不同。且根据实验结果合理推断，感知与动作紧密相连，相当于铜板的两面，婴儿基于模仿来学习，通过不断模仿来强化学习效果。

基于心理学状态解释需要，我们引入道金斯（Dawkins）的"模因"概念，是用于行为解释中信息传递及处理的基本成分，而"模因集"就是模拟行为的整个演化模式。丹尼特曾经将意识视作模因与大脑互动产物，"模因聚集在一起等待要进入人的心智，但人类的心智其实是由模因重新建构出来使它变成比较好的模因栖息地"。[①]

德国慕尼黑普朗克心理研究所的贝克林（Bekkering）曾做过一个大人和孩子同时摸红点的实验，具体过程是：大人和孩子围绕一张桌子面对面相坐，大人要求孩子照着他做的做，起初大人伸右手孩子也伸出右手；之后桌子上出现两个红点，他将右手放在一侧红点上，孩子则是用异侧的手放在正确的红点上。这个"红点"实验说明红点的出现改变了行为的目的，可见儿童已经具有目的性行为的认知能力，这个以目的为对象的模仿也来自镜像神经元的活动，之后在大人身上实验就不会犯孩子的错，但是反应时间长短和儿童具有一致性，都有所延长。[②] 这证明镜像神经元赋予了人行为的意向特性。

基于镜像神经元，人们可以通过模拟行为获知别人的想法，我们之所以会解释别人的心智状态，是因为我们可以假装自己处于他的情境状态，这也就是所谓的感同身受理论，也称为具身模拟理论。将只有动作没有情境的神经元活动情况和发生在特定情境下的做动作时活化情况对比，发现有情境时神经元活化更厉害，说明情境通常会提供让我们可以感受到别人行为背后意图的线索。其中有些神经元与逻辑关系有关，负责言语沟通背后的机制。由此可以推定常识心理学对个体行为的解释从根本上是基于镜像神经元的具身

---

①　Dennett, D. ,Consciousness Explained [J]. Boston, Little, Brown, 1991, 44.

②　Bekkering.H. A. Wohlschlager, and M. Wattis. Imitation of Gestures in Children is Goaldirected [J]. Quarterly Joural of Experimental Psychology, 2010, 53(1), 153.

模拟，在模仿对方行为的同时也感受到其所处情境时的心理状态，这是其他任何解释模式所不具备的优势。

据此，根据语义获取过程中的镜像神经元表现，提出了具身语义学理论，认为语言学上的概念是由下而上构建的，用必要的感觉——运动表征来实现这些概念。例如当我们讲话时，也会跟着做出一些手势等肢体动作，这些身体动作和语言材料之间的交互作用形成了语言的概念。镜像神经元在语言上的作用，是将我们身体动作从私人的经验转变为社会的经验，透过语言使我们可以跟别人分享经验，起到双向交流和互动的协调作用。我们以镜像神经元作为先天语言学习机制，通过不断模仿交流实现语言语义的掌握。因此也可以这样理解公共语言，其语义概念——簇来自社会群体共有的一套动作模仿方式。同时与成年人相比，孩子认知心理会随着年龄的成长逐渐丰富，直至完全掌握当前文化环境下的知识、熟悉所处社会所需的技能，这种差异性的淡化不是由基因必然决定的，而是源自文化的传递方式，如教育、新型农业发展、公共健康等文化革新。

这为强调社会变革产生认知能力提升的重新布线假说提供了佐证，同时也为意图解释、语义学习和常识心理学的读心理论能否找到特定机制提供了可行性论证。基于镜像神经元在人类认知心智状态上发挥作用的机制，可以根据操作的心智现象的不同进行划分，将不同意向性的命题态度划归为不同的认知机制，由不同类型的镜像神经元负责。但有一点可以肯定，所有的镜像神经元对行为的意图敏感，这为我们进一步探讨意向性建模的必要性奠定了基础。

5.4　心理学解释的重构探讨

基于实验科学发现的镜像神经元与心理现象的对应关系，可以说通过语言形式表达心理状态的命题态度已不具备准确且完备显现个体思维的各个方面的能力，包括情境、成长经历和经验知识等方面。而且命题态度心理学解释的范畴不如之前预料的广泛，也没能避开解释力不足的问题，基于联结主义建构的网络模型也不能满足自身的结构性要求。与此相比，模块式解释的合理性得到了神经科学的说明，具有更普遍意义的解释力，对行为的预测机制种类也随着脑神经科学发展而越发繁多。所以我们可以尝试从心理学机制角度来解释常识心理学层次的心智现象，随着脑神经科学的发展，有理由相信命题态度更可能是一门公共语言对内在心理机制的泛化表达，以便于人与人之间信息的交流和思维的交互。

第四章主要是基于符号的表征方式，通过计算方式或人工神经网络构建的方式尝试实现命题态度的角色，这里我们将基于模块化机制解释的可行性阐述来探讨命题态度实现的可能性。命题态度解释和模块化解释存在本质上的区别，前者是常识心理学解释具有意向性的核心概念，代表了常识心理学解释的合理性、连贯性和一致性的标准，为大众解释所有的行为方式，凭借诸如信念、期望、恐惧、害怕和担心等对应内在心理状态的词汇来表达对一个具体句子内容的态度。虽然自主心灵观点主张命题态度是本体论实在，是每个人可以经验的事实，但是结合重新布线假说基于进化认识论对语言本体论的探讨，以及镜像神经元就语言学习机理的阐述，我们可以得出结论：一门公共语言的产生来自文化革新的共识，是为了方便思想的交流而存在，是一种目的论实在；而语言中语义的习得过程是先在感觉——运动的往复关系中逐渐形成相对应的概念轮廓，并在之后与他人的互动中不断修正和完善这个概念的侧显性，以至于学龄前的儿童就能比较精确地掌握语言中的语义了。所以对于婴儿而言，他先掌握的是行为的意图，之后才能形成关系的概念，随着年龄增长逐步掌握语义的轮廓直至精通，可见这个过程的第一步是意图的理解，也就是说婴儿先拥有的是主观意向性。

相比前者语言符号意向性的探讨，后者模块化的心理学解释方式本身就是机制解释，在心理学解释这一意义上，机制性解释是非还原论的：较低层次的解释不会取代、搁置较高层次的解释，或专门性地对较高层次解释进行改良，因为机制是一种分层的多层次结构。①层与层之间具有突现属性，作为基于神经结构的心理学解释，它的组成方式也符合脑神经系统的突现属性，这种突现属性不是从元素组成成分和外围环境的关系中得来，而是由元素内在关系之间因果作用产生的，意向性是大脑这种因果系统的突现属性，所以相应地这些解释机制也会生成意向性。

另外，从机制解释的本体论来看，作为人类心智状态的解释方式之一的模块化解释是第三人称解释，但作为掌握模块化解释的当事人来讲，没有第一人称的主观性为引导就不能正确筛选出恰当的模板相匹配，比如2.3.2中介绍的模板范式都需要经过观察之后才能被掌握。而且，个人层次的机制解释也不能摆脱塞尔"中文屋论证"的困境，所以追本溯源，机制解释也要涉及

---

① 〔加〕保罗·撒加德，王姝彦译. 心理学和认知科学哲学 [M]. 北京：北京师范大学出版社，2016，73.

个体的意向性，只有对意向性的建模尝试有效，才有可能建构符合人类主观性特质的自主体。

那么对意向性的解释何去何从呢？我认为以自主体作为终极目标的 AI 研究是目前最有可能成功建模意向性的研究领域，这是一个跨越计算机、网络和人类认知模式的抽象学科，是尝试创立拥有认知科学智力内核的智能学科。如果能在 AI 领域成功建模，既能回应塞尔的诘难，也能真正通过建模实现意向性。"自主体概念的回归不单单是因为人们知道应该把人工智能各个领域的研究成果集合为一个具有智能行为概念的'人'，更重要的原因是人们认识到人类智能的本质是一种社会性智能。"①

---

① 史忠植, 王文杰. 人工智能 [M]. 北京：国防工业出版社, 2000, 11.

5.5 小结

　　作为最后一章，本章从解决衔接问题的方法论上改变表征一试到底的做法，转向机制性解释。通过具体分析，我们可以确定命题态度没有如预料那般具有广泛的解释效力。面对这种情况，正好结合当下神经科学发展拥有巨大成就的镜像神经元理论和定义语言角色的重新布线假说，对意向性建模的可行性进行探讨。意向性建模的尝试不是为了彻底离开表征解释，而是通过两种解释方式的交流达到真正对命题态度的实现。

结束语

　　心理学解释关注的不是一个"事实"问题，而是一个"法权"问题；不是询问对应具体物理事件的心理事件是什么，而是询问对应具体物理事件的心理事件是如何产生的；不在乎心理现象如此解释符不符合现实，而在乎对心理现象何以可能给出合理的解释。

　　心理学解释问题的哲学探讨是心理学发展的必然结果，由其历史发展的必然性、研究对象的多样性和解释方式的自主性所决定的。沿着心理学发展史的纵向维度，对心理学解释问题进行哲学探讨有其充足的历史支撑；沿着心理学研究畛域的横向维度，研究心理学解释问题对心理学整个研究体系的统一具有重要价值；作为科学解释的亚分类，心理学解释展现出多样性、复杂性和意向性的特征，具有特殊的研究意义。

　　心理学解释研究的核心问题是心理学解释层次间的衔接问题，是指以常识心理学为代表的个人层次心理学解释与以科学心理学、认知科学、认知神经科学为主的亚人层次心理学解释之间的融合问题。而衔接问题所探讨的核心点是命题态度在亚人层次心理学解释中的实现，这是因为命题态度既横跨了个人层次心理学和亚人层次心理学两个层次，还是常识心理学在解释心理现象过程中表达意向性的载体。在统一的心理学概念范畴中，个人层次常识心理学解释表现出合理性、连贯性和一致性特点，是具有因果效力的标准性解释；亚人层次心理学解释是基于计算机科学、脑神经科学与实验科学的描述性解释。简言之，解释等级中不同心理学解释方式的融合依赖于命题态度所扮演的角色是否重要。

心理学解释衔接问题的四种解决方案以心灵哲学理论为基础，依据对命题态度所扮演角色认可度的差异，依序采用肯定、限制、取消等方式分析命题态度，分别从不同方面给出衔接问题的答案。从坚持唯一性和不可还原性的自主心灵观点到取消主义的神经计算观点，形成了一个逐级弱化命题态度的研究范畴。自主心灵观点强调个人层次心理学解释的唯一性和不可还原性，从理性标准推导出这个唯一性特质。功能心灵观点强调个体心灵的因果关系维度，用角色和实现者的关系来显示低层次心理学解释如何与高层次心理学解释产生因果关系。表征心灵观点主张基于计算理念表征心灵，是一种形而上学的存在，将计算机理念作为不同层次心理学解释线性连接的理论基础。神经计算心灵观点侧向于大脑的隐喻是心灵，认为人类思维能力与大脑神经系统一起协同进化。

由于命题态度实现的困境，融合建构心理学解释方案可以兼备表征心灵理论和神经计算理论的优势，基于经典符号计算的"思维语言假说"可以满足命题态度在亚人层次的因果结构要求；基于神经权值计算的"人工神经网络"可以满足人类脑神经系统的非线性权值特征和自我识别的容错性要求，因而尝试着基于人工神经网络建构命题态度。虽然斯莫伦斯基的张量积向量框架在结构要求方面实现了命题态度的功能组合性，在语言交流方面实现了思维的系统性要求，但命题态度的编码混乱和思维的系统性受限又将个人层次命题态度系统和亚人层次模式进程之间的明显差别压力置于眼前。本文认为在个人层次存在两种不同的认知维度，一种是以命题态度为核心的处理进程，另一种是完全绕开命题态度的外围模块处理进程，以命题态度为核心的处理进程和外围模块处理进程共同负责人们的心智推理。这样个人层次的认知活动既涉及由命题态度负责的心智解释，也涉及简单的诸如针锋相对启发式、情绪感知和达尔文模块等机制性解释。也就是说，个人层次心理现象解释同时存在两种根本不同的解释路径，一个包含命题态度，它需要更多的精力去思考；另一个包含更多原始解释机制，这些机制解释自动化且更快，这个结论与 2.3.2 中所提及的基于社会心理学划分为系统一与系统二的假设相吻合。从外围输入到外围输出都是模块机制，命题态度系统被叠加在一个复杂的网络结构上。

根据进化认识论观点，自然语言作为一种语义符号体系符合后生规则的特点；根据重新布线假说，自然语言的形成源自文化革新。为了避免"小人理论"的潜入，"这个概念（信念）再不需要在解释人类认知和行为的科学中招摇过市了"[①]。结合镜像神经元的科学成就，通过对语言符号意向性的"具身模拟"探讨，随着脑神经科学的发展，有理由相信命题态度是一门公共语言对内在心理机制的泛化表达，以便于人与人之间信息的交流和思维的交互。因此，绕开命题态度而尝试建模意向性便成为一个具有可行性的研究方向。

结合以上探讨，有理由对心理学解释问题研究的未来所面对境况作出如下论断：其一是包含命题态度的核心认知进程与包括模块机制的次要认知进程同时在解释和预测心智现象上发挥作用；其二是根据当下人工智能水平的预期，未来可从哲学角度对自主体的概念进行分析，这对于进一步构建表征模型或发现新的机制很有启发意义。

---

① Stich, S. P.. From folk psychology to cognitive science [J]. The case against belief. Massachusetts, MIT Press, 1983, 5–8.

参考文献

中文部分：

[1] 江景涛 . 论中文屋思想实验是如何引发出意向性问题的 [J]. 科学技术哲学研究 , 2013, 3.

[2] 宋荣 . 当代心灵哲学中的命题态度及其内容 [J]. 哲学动态 ,2010, 4.

[3] 宋荣 , 高新民 . 评思维语言假说的当代论争 [J]. 南昌大学学报（人文社会科学版）, 2009, 3.

[4] 宋荣 , 高新民 . 思维语言— —福多心灵哲学思想的逻辑起点 [J]. 山东师范大学学报（人文社会科学版）, 2009, 2.

[5] 高新民 . 现当代意向性研究的走向及特点 [J]. 科学技术与辩证法 , 2008, 4.

[6] 叶浩生 . 科学心理学、常识心理学与质化研究 [J]. 南京师范大学学报（社会科学版）, 2008, 4.

[7] 曾向阳 . 略论常识心理学对精神实在的肯定及其哲学价值 [J]. 自然辩

证法研究, 1997, 11.

[8] 葛鲁嘉. 心理学的五种历史形态及其考评 [J]. 吉林师范大学学报（人文社会科学版）, 2004, 2.

[9] 王姝彦. 福多对意向性法则的实在论辩护 [J]. 科学技术与辩证法, 2007, 2.

[10] 王姝彦, 樊汉鹏. 意向性自然化解释的目的论进路 [J]. 科学技术哲学研究, 2014, 3.

[11] 王姝彦. 意向解释的自主性 [J]. 哲学研究, 2006, 2.

[12] 王姝彦, 樊汉鹏. 命题态度与亚人层次心理学解释 [J]. 社会科学战线, 2017, 5.

[13]〔加〕保罗·撒加德, 王姝彦译. 心理学和认知科学哲学 [M]. 北京：北京师范大学出版社, 2016.

[14]〔英〕博登, 刘西瑞, 王汉琦译. 人工智能哲学 [M]. 上海：上海译文出版社, 2001.

[15]〔美〕威拉德·蒯因, 江天骥译. 从逻辑的观点看 [M]. 上海：上海译文出版社, 1987.

[16]〔美〕约翰·安德森, 秦裕林译. 认知心理学及其启示 [M]. 北京：人民邮电出版社, 2012.

[17]〔美〕葛詹尼加, 周晓林译. 认知神经科学 [M]. 北京：中国轻工业出版社, 2013.

[18] 车文博. 西方心理学史 [M]. 杭州：浙江教育出版社, 1998.

[19] 曾向阳. 略论常识心理学对精神实在的肯定及其哲学价值 [J]. 自然辩证法研究, 1997, 11.

[20] 史忠植, 王文杰. 人工智能 [M]. 北京：国防工业出版社, 2000.

[21]〔美〕庞思奋, 翟鹏霄译. 爱灵魂自我教程 [M]. 桂林：广西师范大学

出版社, 2010.

[22]〔德〕伽达默尔, 洪汉鼎译. 真理与方法 [M]. 上海: 上海译文出版社, 1999.

[23]〔意〕马可·雅克波尼, 洪兰译. 天生爱学样: 发现镜像神经元 [M]. 台北: 远流出版事业股份有限公司, 2009.

[24] 高新民, 付东鹏. 意向性与人工智能 [M]. 北京: 中国社会科学出版社, 2014.

[25] 王姝彦. 心理学解释的分层与衔接问题 [J]. 哲学研究, 2011, 8.

[26] 葛鲁嘉, 王丽. 天命与中国民众的心理生活 [J]. 长白论丛, 1995, 5.

[27]〔德〕冯特, 叶浩生, 贾林祥译. 人类与动物心理学讲义 [M]. 西安: 陕西人民出版社, 2003.

[28] 梅锦荣. 神经心理学 [M]. 北京: 中国人民大学出版社, 2011.

[29] 郭贵春, 安军. 科学解释的语境论基础 [J]. 科学技术哲学研究, 2013, 1.

[30]〔美〕约翰·R. 塞尔. 王巍译. 心灵的再发现 [M]. 北京: 中国人民大学出版社, 2012.

英文部分:

[1] Newell, A., Simon, H.. Huristic Problem Solving: The Next Advance in Operations Research [J]. Research press, 1988, 6.

[2] Bickle, J.. Philosophy and Neuroscience: A Ruthlessly Reductive Account [J]. Dordrecht, Kluwer Academic Publishers, 2003, 51.

[3] Block, N.. An Invitation to Cognitive Science [M]. Cambridge, MA: MIT Press, 1995, 30-41.

[4] Braddon-Mitchell, D. Jackson, F.. Philosophy of Mind and Cognition [M].

Oxford: Blackwell, 1996, 589-622.

[5] Jung, C. G.. A Psychology approach to the dogma of the trinity [M]. London: Routledge and Kegan Pau, 1986.

[6] Churchland, P. M.. Eliminative Materialism and the Propositional Attitudes [M]. Oxford, Basil Blackwell, 1990, 67-90.

[7] Churchland, P. S.. Neurophilosophy: Toward a Unified Science of the Mind/Brain [M]. Cambridge, MA: MIT Press. 1986, 12-28.

[8] Axelrod, R.. The Evolution of Cooperation [J]. Harmondsworth, Penguin, 1984, 44.

[9] Churchland, P. S., Sejnowski, T. J.. The Computational Brain [M]. Cambridge, MA: MIT Press, 1992, 7-10, 125.

[10] Churchland, P. M.. A Companion to the Philosophy of Mind [J]. Blackwell, 1994, 107.

[11] Churchland, P. M.. Evaluating Our Self Conception [J]. Mind and Language, 1993, 8(2), 211-222.

[12] Clark, A., Karmiloff-Smith, A.. The Cognizer's Innards: A Psychological and Philosophical Perspective on the Develop Ment of Thought [J]. Mind and Language, 1993, 67.

[13] D. Lewis.. A Companion to the Philosophy of Mind [M]. Oxford: Blackwell, 1994, 99-105.

[14] D. Rosenthal.. The independence of consciousness and sensory quality [M]. CA: Ridgeview publishing company, 1991, 16.

[15] Dennett. D.. The Intentional Stance [M]. Cambridge: Cambridge University Press, 1987, 169-172.

[16] David M., Wulff. Psychology of religion: An overview [M]. From

Religion and Psychology: Mapping the Terrain, 15.

[17] Davidson, D.. Actions, Reasons and Causes [J]. Journal of Philosophy, 1980, 60.

[18] Davidson. D.. Philosophy of Psychology [M]. London: Macmillan, 1980, 41-52.

[19] Dennett, D. C.. An instrumentalist theory: Mind and Cognition [M]. Blackwell, 1990, 27-51.

[20] Greenwood, J. D.. Mind and Commonsense [M]. Cambridge: Cambridge University Press, 1991.

[21] Fodor, J. A.. Psychosemantics: The Problem of Meaning in the Philosophy of Mind [M]. Cambridge, MA: MIT Press, 1987, 15, 44-47, 105-127.

[22] Fodor, J. A.. The Language of Thought [M]. New York: Oxford University Press, 2008, 13-58, 190-200.

[23] Fodor, J. A, Pylyshyn Z. W.. Connectionism and Cognitive Architecture. Readings in philosophy and cognitive science [M]. Cambridge, MA: MIT Press, 1993, 3-71, 95-116.

[24] Fodor. The Modularity of Mind [M]. Cambridge, MA: MIT Press, 1983.

[25] Gallistel, C. R.. The Organization of Learning [M]. Cambridge, MA: MIT Press, 1990.

[26] Baker, L. R.. Explaining Attitudes: A Practical Approach to the Mind [M]. Cambridge: Cambridge University Press, 1995, 108.

[27] Goldman, A.. Philosophical Applications of Cognitive Science [M]. Boulder, CO: Westview Press, 1993, 55.

[28] Harman, G.. Reasoning. Meaning and Mind [M]. Oxford: Clarendon Press, 1999, 71.

[29] Harman. G.. Logical Form [J]. Foundations of Language. 1999, 9.

[30] Heil, J. Mele, A.. Mental Causation [M]. Oxford: Oxford University Press, 1993, 29.

[31] Hooker, C. A.. Towards to a General Theory of Reduction. Part I: Historical and Scientific Setting. Part II: Identity in Reduction. Part III: Cross-Categorial Reduction[J]. Dialogue, 1981, 49.

[32] Hornsby. J.. Simplemindedness: In Defense of Naïve Naturalism in the Philosophy of Mind [M]. Cambridge, MA: Harvard University Press, 1997, 9-12, 165-169.

[33] Lewis, D.. Psychophysical and Theoretical Identifications [J]. Australasian Journal of Philosophy, 1972, 50 (3), 249-258.

[34] Lynne Rudder Baker, What Beliefs are not [J]. Rerprented in Steven J. Naturalism, A Critical Appraisal, University of Not re Dame, 1993, 3-32.

[35] Davies, M. K., Stone,T.. Mental Simulation [M]. Oxford. Blackwell, 1995, 91.

[36] Macdonald, G., Macdonald, C.. Connectionism: Debates on Psychological Explanation, Volume 2 [M]. Blackwell, 2006, 10.

[37] Barrett, M.. The Handbook of Child Language [M]. Malden. MA, Basil Blackwell, 1995, 78.

[38] Marr, D.. Vision: A Computational Investigation into the Human Representation and Processing of Visual Information [M]. New York: W. H.Free man and Company, 1982, 10-12.

[39] McLeod, P., Plunkett, K. and Rolls, E. T.. Introduction to Connectionist Modeling of Cognitive Processes [M]. Oxford: Oxford University Press, 1998, 16, 115-121.

[40] Van Gelder, T.. Compositionality: A Connectionist Variation on a Classical Theme [J]. Cognitive Science, 1990, 14 (3), 355-384.

[41] Pettit, P.. Foundations of Decision Theory [M]. Oxford: Blackwell, reprinted by Oxford University Press, 2002, 123-144.

[42] Putnam. Scientific Explanation, Space, and Time, Minnesota Studies in the Philosophy of Science [M]. Minneapolis: University of Minnesota Press, 1975, 52.

[43] Rey, G.. A Not "Merely Empirical" Argument for a Language of Thought [J]. Philosophical Perspectives, 1995, 201-222.

[44] Rk, Gdan, R. J.. Mind and common sense [M]. Cambridge: Cambridge University Press, 1991.

[45] Rumelhart, D. E., McClell, J. L.. The PDP Research Group. Parallel Distributed Processing [M]. MA, MIT Press, 1986, 77, 337.

[46] Scholl, B. J., Leslie, A. M.. Mind and Language [M]. Cambridge: Cambridge University Press, 1999, 2-7.

[47] Bechtel, W., Abrahamsen, A.. Connectionism and the Mind [M]. Oxford: Black-well, 2001, 71-85.

[48] Scott M. Christensen, Dale R.. Turner. Folk Psychology and the Philosophy of Mind [J]. Lawrence Erlbaum Associates, 1993,291.

[49] Schiffer, S.. Ceteris Paribus Laws [J]. Mind, 1991, 1-17.

[50] Stern, D. N.. The Interpersonal World of the Infant [M]. New York: Basic Books. 1985, 31.

[51] Stich, S. P.. From Folk Psychology to Cognitive Science: The Case Against Belief [M]. MA: MIT Press, 1983, 75.

[52] Tye, M.. Philosophical Perspectives [J]. CA, Ridgeview Publishing Co,

1990, 254-256.

[53] Van Gulick R.. Nonreductive Materialism and the Nature of Intertheoretical Constraint [J]. Emergence or Reduction, 1992.

[54] Volfovsky. N., Parnas. H., Segal, M., and Korkotian, E.. Geometry of dendritic spines affects calcium dynamics in hippocam palneurons: theory and expericments [J]. Journal of neurophysiology, 1999, 450-462.

[55] Salmo, W. C.. Scientific Explanation and the Causal Structure of the Word [M]. Priceton university press, 1984, 122.

[56] Wilkes, K. V.. The relationship between scientific psychology and commonsense psychology [J]. Syntheses, 1991, 18.

[57] Evans, G.. The Varieties of Reference [M]. Oxford: Oxford University Press, 1982, 34 (3).

[58] Berkeley. The new of vision [J]. Reprinted in M.R. Ayers's edition of Berkeley's selected writings, 1975.

[59] Wittgenstein. L.. Philosophical Investigations [J]. Oxford, 1953, 304.

[60] Evans, G.. The Varieties of Reference [M]. Oxford: Oxford University Press, 1982, 39.

[61] Smolensky, P.. Constituent Structure and Explanation in an Integrated Connectionist/ Symbolic Cognitive Architecture [J]. in C. Macdonald and G. Macdonald (eds), 1995, 16-44, 133-165.

[62] Evans, G.. The Varieties of Reference [M]. Oxford: Oxford University Press, 1982.

[63] Macdonald, C. and Macdonald, G. (eds) Philosophy of Psychology: Debates on Psychological Explanation [M]. Oxford: Basil Blackwell, 1995.

[64] Mithen, S.. The Prehistory of the Mind [M]. London: Thames and

Hudson, 1996.

[65] Clarke, Andy. Being There: Putting Brain, Body and World Together Again [M]. Cambridge, MA: MIT Press, 1997, 106-114.

[66] Carruthers, P.. Modularity, Language, and the Flexibility of Thought [J]. Behavioral and Brain Sciences, 2002, 651-666.

[67] Bermúdez, J. L.. Philosophy of Psychology: A Contemporary Introduction [M]. New York: Routledge Press, 2005, 28-52, 198-211.

[68] Dennett. D.. Real Patterns [J]. Journal of Philosophy, 88, 27-51, reprinted in W. Lycan (ed.) Mind and Cognition, Oxford: Blackwell,2nd edn, 1991, 41-49.

[69] Lewis, D.. Counterfactual Dependence and Time's Arrow [J]. Nous, 1979, 13 (4), 455-476.

[70] Scott M.. Christensen, Dale R. Turner. Folk Psychologyand the Philosophy of Mind [J]. Lawrence Erlbaum Associates, 1993, 17(4), 368-370.

[71] Wilkes, K. V.. The relationship between scientific psychology and commonsense-psychology [J]. Syntheses, 1991.

[72] Jung, C. G.. Memories, Dreams, Reflections [M]. New York: Vintage Books, 1963, 172-175.

[73] Dobbelaere, Karel. Psychology and Religion [M]. New haven and London: Leuven University Press, 1999, 19 (5048), 320-326.

[74] William James. The principles of psychology [J]. China Social Science Publishing House, 1999.

[75] Marr, D.. Vision: A Computational Investigation into the Human Representationand Processing of Visual Information [M]. New York: W. H. Freeman and Company, 1982, 106-113.

[76] Putnam, H.. Philosophers and Human Understanding [J]. in A. F. Heath

(ed.) Scientific Explanation: Papers Based on Herbert Spencer Lectures Given in the University of Oxford, Oxford: Clarendon Press.1983, 91.

[77] Van Essen D. C, Deyoe, E. A.. Concurrent processing in the primate visual cortex [J]. Cognitive Neurosciences, 1995, 383-400.

[78] Gallistel, C. R.. The Organization of Learning [M]. Cambridge, MA: MIT Press, 1991, 101-104.

[79] Goldman, A., Over, D.E., Johnson, M.. Philosophical Applications of Cognitive Science [M]. Boulder, CO: Westview Press, 1995, 55-98.

[80] Brown, D. A.. Companion to Philosophy of Law and Legal Theory. A companion to philosophy of law and legal theory [M]. Blackwell Publishers, 1996, 1-9.

[81] Putnam, H.. Mind, Language and Reality [M]. Shanghai: Shanghai Foreign Language Education Press, 2012, 235-237.

[82] Searle, J.. Is the Brain's Mind a Computer Program? [J]. Scientific American, 1990, 262(1), 26-29.

[83] Churchland. P. M.. A Companion to the Philosophy of Mind [J]. Blackwell Reference, 1995, 9 (8), 1-4.

[84] Davies, M. K., Stone, T.. Mental Simulation: Evaluations and applications [M]. Oxford: Blackwel, 1995, 141(1), 1-5.

[85] Haugeland, J. (ed.) Mind Design [M]. Cambridge, MA: MIT Press, 1981, 24-27.

[86] Evans, G.. Semantic Theory and Tacit Knowledge [J]. Philosophy, 2010, 87-90.

[87] Michael R.. Philosophy after Darwin: classic and contemporary readings [M]. Princeton University Press, 2009, 252.

[88] Mithen, S.. The Prehistory of the Mind [M]. London: Thames and Hudson. 1996, 49-55.

[89] Dennett, D. C.. Darwin's Dangerous Idea: Evolution and the Meanings of Life [M]. New York: Simon and Schuster, 1995, 338.

[90] Dennett, D. C.. Consciousness Explained [M]. Boston: Little, Brown, 1991, 44.

[91] Bekkering, H. A.. Wohlschlager, and M. Wattis. "Imitation of Gestures in Children is Goaldirected [J]. Quarterly Joural of Experimental Psychology, 2010, 53(1), 153.

[92] Stich, S. P.. From folk psychology to cognitive science. The case against belief [M]. Massachusetts: MIT Press, 1983, 5-8.

附录：专业术语表

antecedents	前件
activation value	激活值
affect attunement	情感协调
affect programs	情感程式
animism	万物有灵论
anomalous monism	无律则一元论
artificial neural networks	人工神经网络
aspectual shape	侧显形式
atomism	原子论
autonomous mind	自主心灵观点
belief-desire-Intention	信念 - 期望 - 意图（BDI 模型）
causally efficacious internal items	因果效力的内在项
coevolutionary	协同进化
coevolutionary research ideology	协同进化研究意识理论
cognitive map	认知地图
cognitive neuroscience	认知神经科学
cognitive science	认知科学
coherence	连贯性
commonsense psychology	常识心理学
computational theory	计算理论
concept learning	概念学习
connectionist models	联结主义模型
counterfactual approach	反设事实途径
cultrual innovations	文化革新
domain-specific	特定范畴

dominant level	支配层
dynamic profile	动态轮廓
electroencephalography	脑电图
embodied simulation	具身模拟
embodiedsemantics	具身语义学
emergent properties，	突现属性
epigenesis	后成说
epiphenomenalism	副现象论
experimental-objective paradigm	实验—客观范式
experimental-subjective paradigm	实验—主观范式
explananda	待解释物
feature-integration	特征整合
feedforward network	前反馈神经网络模型
folk psychology	民众心理学
functional magnetic resonance imaging	功能性磁共振
functional mind	功能心灵观点
genetic epistemology	遗传认识论
genetic innovations	基因革新
hardware implementation	硬件操作
hidden structure	内在结构
higher-order thought theory	高阶思想理论
homogeneities	同质性
humanistic psychology	人本主义心理学
illusory conjunctions	虚幻连词
information-processing theory	信息加工理论
interface problem	衔接问题
isomorphism	同构
knockout procedure	基因敲除程序
lateral geniculate nucleus	外侧膝状核
law-cluster concepts	规则—簇概念
law-like	类规则
magnetoencephalography	脑磁图
materialism	唯物主义

meme	模因
mental category	心理范畴
mental maps model	心理地图模型
mental mechanism	心理机制
mental operation	心理操作过程
mental substance	心理实质
meta-language	元语言
mild realism	温和现实主义
mimic	模拟
mind	心灵
mind-body relation	心身关系
mind-matter relation	心物关系
mindreading	读心
mirror neuron	镜像神经元
modularism	模块论
naïve psychology	自然心理学
neurocomputational mind	神经计算心灵观点
neurology	神经病理学
non-causal theoretical roles	非因果关系的理论角色
non-equilibrium	非均衡
non-linguistic	非语言
over-regularization	超规则错误
perception	知觉
perceptual symbol system	知觉符号系统
personal level	个人层次
personality	人格
philosophical psychology	哲学心理学
postiron-emission tomography	正电子发射断层扫描
prelinguistic	前语言
prisoner's dilemma	囚徒困境
privileged level	特权层
propositional attitude	命题态度
prototype matching	原型匹配

prototype theory	原型理论
qualitative	定性
quantitative	定量
quasi-pictorial	准图片
rate code	频率编码
rationality	理性
real pattern	真实模式
religious psychology	宗教心理学
representational mind	表征心灵观点
rewiring	重新布线
scheme	图式
scientific psychology	科学心理学
second-order cognitive dynamics	二阶认知动力
sensation	感觉
sensory register	感觉登记
serial bottleneck	序列瓶颈
simulation theory	模拟论
single-cell recording	单细胞记录
state-stype	状态类型
sub-personal level	亚人层次
synchronically	共时性
template matching	模板匹配
term-introducing	术语引入
the biology of the mind	心灵生物学
the cheater detection module	骗子鉴别模块
the counterfactual approach	反设事实的意义指称
the persistence of the attitudes	态度的持续性
the weight of connection	联接权值
theory of mind	心灵理论
theory theory	理论论
theory-cluster concepts	理论—簇概念
timing code	计时编码理论
TIT-FOR-TAT	针锋相对启发式

token identity	表征同一性
Topological topographic map	拓扑地形图
transcranial magnetic stimulation,	经颅磁刺激
truth-aptness	真理适应性